金魚と日本人

鈴木克美

講談社学術文庫

プロローグ　日本の金魚と日本人

金魚が中国から日本へ初めて渡ってきたのは、十六世紀初頭、今からおよそ五百年前の室町時代のことである。欧米諸国へ金魚が運ばれるよりも、一、二世紀前のことだった。輸出元中国の書の表現を借りれば、「一衣帯水の隣邦」の日本へ、海を越えて行った金魚は、その後すっかり、異国日本の水になじんで、いつのまにか、ほとんど日本の魚になった。

ずっと時代は飛んで第二次世界大戦後、平和になった中国からまた、金魚の輸入が始まったとき、新しく入ってきた金魚を「新中国金魚」とか「中国金魚」と呼んで、在来の「日本金魚」と区別した。金魚の生まれ故郷が中国だったことを思うと、これは、少し変だった。でも、そもそもの由来はともかく、昔から日本にいた金魚はもう、だれもが「日本金魚」と思って疑いもしなくなっていた。それが日本人の実感だった。

ともあれ、室町時代の日本に初めて海を渡ってきた金魚は、当時の人々に、どんなにか、好奇心のこもった眼で迎えられたことだろう。当時の一般の日本人には、黄金色《こがねいろ》の魚がこの世にあったなど、きっと、見ても信じられない思いだったに違いない。

金魚が渡来した最初の頃は、当然、珍しくて貴重で高価で、支配階級や富裕階級の専有物だった。それが、庶民一般に普及して、日常生活に取り込まれ、だれもが飼える愛玩動物になったのは、江戸時代からのことである。

江戸時代は、長くつづいた天下太平のお陰で、「黄金花咲く」とまでいわれた、日本史上最初の経済文化の高度成長時代でもあった。一般大衆にも初めて、ペットを飼い、鉢花を植えて楽しむ生活と気持のゆとりが持てるようになった時代だった。

とはいえ、江戸時代は日本史上初めて、都市に激しい人口集中の起こった時代でもあった。諸国から入り込む人々で成り立つ江戸の町方は、たいへんな過密社会だった。江戸の町なかに住む人々は貧しかった。ところが、江戸の人々は、貧しさを必ずしも苦にしていなかったらしい。その日暮らしの貧しさを逆手にとって、概して明るく、毎日を肯定的に暮らしていたのだ。

江戸の町には、身体ひとつを元手に、ものを売り歩く行商、ものを作りに行く出職《でしょく》、せまい借家でものを作る居職《いじょく》など、零細な稼業で暮らしを立てる人々が多く住んでいた。町を歩く物売りや出職の声と、居職の音に満ちていた。少し大げさにいえば、それが江戸時代の特徴の一つだった。

物売りの中には、金魚の行商人もいた。やがて、もとは南蛮渡りだったびいどろ（ガラス）の製作が始まり、小さな金魚玉を作る職人もいて金魚とセットで売られ、金魚の普及に一役買うようになる。金魚は金魚玉のような小さな容器でも飼える丈夫な魚だった。

江戸時代初期には、まだ、もっぱら大名や金持ちの邸内の池で飼われて、ごく高価だった金魚が、江戸の町々に普及したのは、元禄時代あたりからだった。そしていよいよ、金魚が露地奥の裏店でも楽しめる庶民のペットになって、金魚の大流行が始まっていく。江戸時代中期、寛延元年（一七四八）の安達喜之『金魚養玩草《きんぎょそだてぐさ》』は、ロングセラーになった。金魚と江戸時代の日本人は、よほどウマが合ったらしい。

江戸の金魚にはもちろん、経済活動を左右するとか、文化向上に寄与したとかいえるような、社会的な存在価値があったわけではない。ただ、人の目を楽しませ、和ませるのに役立つだけの小さな存在に過ぎなかった。それでも、江戸時代からこの方、数百年もの日本人の暮らしの変転に寄り添ってきた金魚の歴史には、日本の文化の変遷の一部に加わる資格と価値があるのではないか。

金魚はヨーロッパやアメリカにも渡ったのに、なぜか、欧米ではさほどもてはやされもせず、日本でばかり、本家の中国をしのぐほどに普及した。金魚が日本でなぜ、こんなにも好かれたのか、金魚の何が、そんなに日本人の気に入ったのか。もしかすると、日本独特の金魚愛玩の歴史の向こうに、日本人の自然観と社会観が透けて見えるかもしれない。

日本で金魚の科学的な研究が始まったのは、江戸時代も終わって明治になってからだった。しかし、そのスタートはわりと早かった。それだけ、明治期の日本人にとって、金魚が身近な存在だったからであろう。明治二十年（一八八七）には、日本最初の金魚の学術論文が東京帝国大学の紀要に英文で掲載されている（渡瀬庄三郎 *On the caudal and anal fins of gold fishes*, J. Sci. Coll. Imp. U. Tokyo, vol.1, 1887）。その前年、明治十九年十二月に、東京帝国大学理科大学（のちの東京大学理学部）の三崎臨海実験所が日本最初の大学実験所として落成したばかりであった。

そして、日本の「金魚学」をまとめ上げたのは、松井佳一《よしいち》博士である。松井博士は、大正三年（一九一四）から昭和九年（一九三四）までの二十年間にわたる遺伝学的研究で、日本の金魚の類縁関係をつきとめた。松井博士の著書『科学と趣味から見た金魚の研究』（昭和十年・一九三五）は、一般書として出版された立派な単行本で、しかも、学術価値の高い名著であった。

松井博士は、主に愛知県豊橋市の水産試験場で金魚の遺伝研究に打ち込む一方で、学生時代から金魚に関するあらゆる資料の収集にも熱中し、そのコレクションは他の追随を許さなかった。

昭和三十年代の終わり頃、私は金沢に住んでいて、この本にも書いた北陸の鉄魚《てつぎょ》のことで、松井先生に初めて手紙を差し上げた。その頃、すでに大家だった先生は、お忙しかったことであろうに、駆け出しの未知の若者のために、さっそく長文の親切なご返事を下さった。嬉しかった。

松井先生は、昭和五十一年（一九七六）四月、八十五歳で亡くなられた。亡くなられる半年前、病床で脱稿された自費出版の『金魚文化誌――書誌学的考察』（松井佳一著・松井魁補輯・一九八七）が遺稿となった。大著『科学と趣味から見た金魚の研究』から四十年後に当たる。ただ、あえていうなれば、この遺著には年号などの記述に誤りが目立つのが惜しまれた。金魚の研究と普及に生涯の執念をかけられた松井佳一先生が、折角の最後の著作に校正の朱も入れられずに生涯を終わられたのは、さぞ、お心残りだったことだろう。気を落とされた松井先生の温顔が眼に浮かぶようである。この本の執筆のために訪れた大和郡山の金魚資料館で、思いがけなく松井先生の胸像に出会ったときは、ただ懐かしかった。

本書の執筆依頼を受けたときは、今さら金魚の本でもあるまいと思ったが、そういう事情もあったし、松井先生が書かれなかったこともまだあるはずだ。書きたいと思われて果たせなかったことも、あったかもしれない。江戸時代からでもざっと四百年、日本人に寄り添って生きてきた、もしかしたら日本文化のルーツにつながりそうな、赤い小さな家魚の来し方を、現代に思い合わせ、見直してみるのも悪くはないかもしれぬと考えた。この小さな本を松井先生のご恩に捧げたい。

金魚は中国原産とはいえ、長い間、日本文化に磨かれて、今はれっきとした日本の魚である。金魚の姿には、伝統工芸品の磨きこまれた美しさがある。金魚は、今や、日本人の美意識が凝縮された芸術品ともいうべき家魚ではないか。それが今、滅びつつある。これをむざむざ滅失させてしまうのは惜しい。日本文化の損失ではあるまいか。

江戸の金魚飼育の伝統を引き継いできた東京江戸川も、昭和の初め頃には、大和郡山、愛知の弥富とともに、日本の金魚の三大名産地と並び称されていた。なかでも、江戸川の金魚養殖は、大消費地東京の地の利を得て、隆盛をほこっていたのが、今では、わずか四十年前の盛業の面影もない。これも惜しいことに思われてならない。

日本人で金魚を知らない人はいまい。日本人にとって最も身近な魚の一つだったはずである。しかも、金魚は野生の魚ではない。人の作った金魚は、人に捨てられては生きていけない。それが、かつての名産地も滅びかけている現今では、長い年月つきあってきた「日本の金魚」を、日本人は忘れかけているのではないか。

筆者は海の魚の生活史学が専攻で、金魚の専門家ではない。長年、水族館にも勤務してきたが、金魚との縁はむしろ薄い方だった。ただ、幼い頃から金魚が好きだった。生まれ育った浜松市の郊外には、「澤の金魚屋」という金魚養殖場があって、黄緑色にうすら濁った浅い池の金魚の群れを、いつまでも眺めていた幼時の記憶がある。それが後年になって、筆者を魚学へ向かわせた原点だったとも思っている。

いわば、金魚に生涯の恩を受けたのかもしれない。受けた恩は返さなくてはなるまい。金魚に人一倍の親しみを感じてきた一日本人の眼で、金魚と、金魚を通した日本文化の一端を、見直してみよう。むしろ、金魚の専門家とは違った視点で、新しい見方を掘り出して、怪我の功名になればいいとも思った。

それにしても、「江戸の金魚」に関する資料が、思いのほか少ないのには、たいへん困った。国立国会図書館をはじめ、各地の図書館にお世話になったが、多くの場合は徒労に終わっている。

執筆依頼を受けてから、早くも三年がたった。難産だったこの本が、曲がりなりにも完成したのは、迷いが多く、筆の遅い筆者を励まし、辛抱強くお付き合い下さった三一書房編集部大倉徹氏のお力添えによるところが大きい。調査に当たって大勢の方のご協力をいただいたが、とくに、貴重な古文献の閲覧に便宜を図られた国立国会図書館の中里牧人氏、柳井の金魚提灯ほかの資料を提供くださった山口県周防大島町の河本勢一氏と河本雅史氏、中国書や古資料をお貸し下さった（株）清水金魚の清水徹二氏、小説『闇の金魚』（講談社、一九七七）の借覧についてお力添え下さった講談社の小枝一夫氏に、厚くお礼を申し上げる。

一九九七年（夏）

著者

目次

金魚と日本人

第一章　金魚のルーツを訪ねて

1　北陸の峠に鉄魚がいた

鉄道か自動車で、金沢市から北東、富山県方面に向かうと、間もなく、行く手に黒々とした山地が立ちはだかる。石動《せきどう》山塊という。左は能登半島の宝達《ほうだつ》丘陵、右は医王山から白山への両白山地。石動山塊はその中間にあって、石川と富山の県境となる。ここは昔、そのまま、加賀と越中の国境だった。石動の山並みには、昔ながらのいくつもの峠道がある。

それら県境の峠の一つ、金沢東部の森本から砺波《となみ》市に抜ける国道359号線の最高地点に、内山峠がある。尾根伝いのすぐ北に有名な倶利伽羅《くりから》峠、その向こうに天田峠、天田峠のまた向こうは能登半島。

初めて内山峠を訪れたのは、昭和三十九年（一九六四）十二月だった。今でこそ、すぐ南を北陸自動車道が走るが、当時はまだ、倶利伽羅トンネルも開通していなかった。金沢から富山に行くには、曲がり曲がって、険しい倶利伽羅峠の峠道を自動車も喘ぐように登り、転がるように下って越えるのだった。

北陸の十二月は、もうかなり寒い。雪も例年なら、積もり始めている時期だ。しかし、この年の雪は遅く、道もまだ乾いていた。金沢の市内に水族館を建てるために湘南から北陸へ、昭和三十七年暮れに移って以来、三度目の冬だった。昭和三十七年から三十八年にかけての最初の冬が、たまたま、三八・一豪雪と呼ばれた大雪の年だったので、もう、北陸の冬

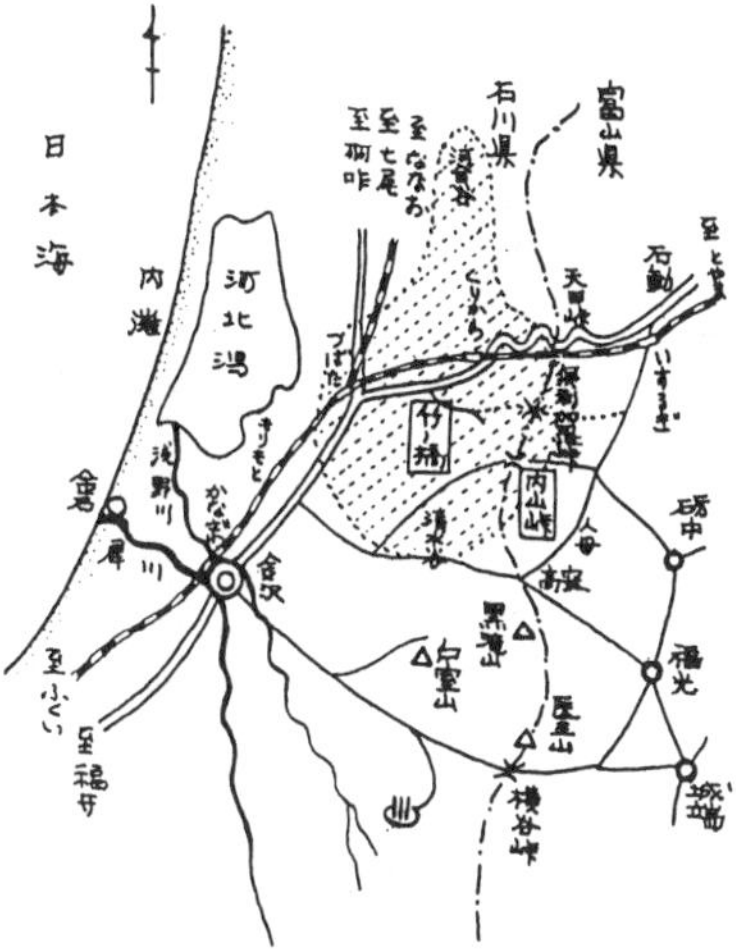

図1　金沢の鉄魚調査（昭和39年）当時のメモ

図2　金沢の鉄魚

にも驚かなくなっていた。

　初冬の内山峠は、うら淋しかった。まだ雪がなかったので、よけい寒々しく見えたのかもしれない。農家の庭の柿の梢に、真っ赤な熟柿が取り残されていた。ひっそりした峠を富山県側にちょっと下ったところに小さな小学校があった。富山県小矢部市北蟹谷小学校内山分校といった。学校のすぐ下に、一五〇〇平方メートルほどのため池があった。

　内山峠を訪ねたのは、この池にいるはずの鉄魚《てつぎょ》の所在を確認したかったからである。鉄魚は「フナ」と金魚の中間の魚である。ひれが長く、とくに背びれ、胸びれ、腹びれが著しく長く伸びる。ふつうはフナ色だが、ときに金魚のような色をしたのもいる。少なくとも全長三〇センチに達する。

　鉄魚は最初、明治の終わり頃に、宮城県田代岳の中腹にある魚取沼《ゆとりぬま》という、ブナの原生林にかこまれた面積約三・三ヘクタールの山間の小湖水で発見され、秘境の山の池にすむ珍しい魚として、大正十二年に天皇に献上された。

　昭和八年に「魚取沼のテツギョ生息地」は国の天然記念物の指定を受け、この頃から、魚取沼の鉄魚は、にわかに有名になった。宮中に献上された鉄魚は、吹上御苑の池に放たれたが、その後どうなったかはわからない。

　こうして有名魚となった鉄魚は、その後、北海道から沖縄、朝鮮半島にわたる各地からも、次々に発見された。筆者が内山峠を訪れた時点の鉄魚の産地は、全国で十六、七ヵ所あった。ただ、少し不思議なことに、鉄魚の産地は、北日本に集中していた。北陸地方での公式の発見記録は、まだなかった。

鉄魚は、ため池や小さな沼などに限って生息し、鉄魚の長く伸びたひれは、流れのない水域での生活に適した形と考えられる。振り袖や長袴《ながばかま》のような長いひれを優雅にさばいてゆったり泳ぎ、ときどき、かなりすばやく泳ぐ。その姿は、歌舞伎役者のメリハリの利いた所作を連想させる。

魚取沼の鉄魚が有名になったのは、東北大学の朴沢《ほおざわ》三二博士のお陰である。朴沢博士は宮城県の史跡名勝天然記念物の調査委員として、魚取沼の鉄魚を調査し、その結果を『宮城教育』という雑誌で発表された。『海鼠の骨』という面白いタイトルの著書にも、鉄魚のことを熱心に書かれている。

「宮城県加美郡宮崎村字田代岳の山深い所に魚取沼と呼ぶ一つの湖水があり、其処には鉄魚と呼ぶ珍しい魚が住んで居ると云ふことが、明治の末頃から或る一部の人々には知られて居つた」

「さて鉄魚は如何なる魚かと云へば、大体に於て鮒に似た魚であつて、それに比し尾鰭その他の鰭が著しく伸長し、……尾鰭がかくの如く伸長して居てもそれは常に叉状の鮒尾であつて、金魚に見るやうな三つ尾とか四つ尾とかには決してならない。色も鮒に似て煤褐色が普通であるが、中には白・赤・橙黄・黒及び其等の斑色のもある。色の点から見ると、金魚にも似て居ると云ふべきである」

朴沢博士はまた、鉄魚の名の由来についても、次のように主張している。

「何故にこの魚を鉄魚と呼ぶかといふ其の起源や由来については詳らかでないが、按ずるにその色の鉄に似たためか、或はその様金魚に似たるも及ばず、すなはち金に及ばざる鉄の如しの意よりでもあらう」

そして、鉄魚の成因として、朴沢博士は次の三つの場合を考えた。

「第一は自然の力、即ち生息地の環境に支配せられた結果と考へられるのである。鉄魚生息地の一般状況を見るに、何れも隔離された静水の湖沼であつて、川、溝、堀等の如き開放された流水でない。鉄魚の鰭の長く引けるは静水に適応した形態で……」

「第二は……鮒と金魚などを配合させて鉄魚を作つたと考ふる場合」「第三は以上の自然力と人為力の折衷による……一説には、魚取沼の鉄魚は元々は、尾の短い金魚を放つたのであるが、それが数年後には斯様の尾の長い鉄魚になつたといふのであるが……」

こんなふうに、鉄魚がにわかに注目されるようになったのは、ひっそりした山間の秘境めいた小湖沼に、そのような珍しい魚がいたという単純な興味のほかに、この鉄魚が、もしかすると、金魚の直接の先祖ではないかという、学界の興味と関心と期待が寄せられたからでもあった。

実際、体は「フナ」に似て、「フナ」にはない長いひれをさばいて泳ぐ鉄魚の姿には、金魚の祖型を連想させるものがある。

ただ、当時金魚研究の第一人者だった松井佳一博士は、「フナ」とワキンを掛け合わせれば鉄魚とそっくりな魚が生まれることを実験で確かめ、それを根拠として、鉄魚は「フナ」と金魚との雑種であると断定された。

その後の鉄魚の発見者も、松井博士の交雑説に対する反証を出せず、または、ほとんどそのまま肯定追認してきた。鉄魚が発見された各地の池沼には、たいていはかつて金魚を放ったことがあったり、金魚を放ったことがないとは言い切れなかったからである。

それは一面、昭和の初め頃までに、日本全国、あらゆる地方の片田舎に、金魚が普及していたことを意味するとも思える。

そんなことから、鉄魚は金魚と「フナ」の交雑品種だというのが、ほぼ定説になった。金魚と「フナ」の掛け合わせなら、別に珍しい魚でもなく、さわぐこともない。鉄魚への関心は、その後、急速にしぼんでいった。

北陸の鉄魚の存在を教えてくれたのは、当時金沢大学の熊野正雄教授だった。内山峠というわず、金沢市郊外のため池に鉄魚がいるという話は、筆者が金沢へ行く以前から、知る人ぞ知るといったものだったらしい。

鉄魚を見たいと思った。鉄魚が本当に金魚と「フナ」の交配品種なのか、単純な好奇心もあった。熊野先生にいうと、先生はさっそく、教え子の金沢市内の高校の生物の先生を二人紹介して下さり、その結果、芋蔓式に内山峠の鉄魚にたどりついた。行って調べてみると、内山峠の池の鉄魚も、やはり、金魚と無関係といえないことがわかった。

内山峠のため池には、昭和三十年頃、ため池養魚のモデルケースにしようと、休閑地利用の目的で、色鯉の幼魚を数千びきも放したことがある。その中にヒブナがまじっていたのではないかというのである。ただ、金沢の高校の先生方が、朴沢博士や松井博士の意見通りに、初めから「鉄魚はフナと金魚の子」と決めてかかっているような口振りが気になった。池に放したのが金魚ではなく、「ヒブナ」だったというのにも、ひっかかるところがあった。ヒブナは「金魚」ではなく「フナ」ではないか。

内山峠でため池に近づくと、岸辺の茂みの陰から、池の中央に向かって波紋を描きながら逃げてゆく七、八ぴきのフナ色の鉄魚が見えた。鉄魚はまだまだたくさんいて、毎年四～五月の産卵期には、岸辺に群がってくるという話だった。

小学校の構内の小さな池に、ため池から捕らえて移したという、三十ぴきほどの鉄魚を手にとってみた。尾びれは全部がフナ尾で、三つ尾や四つ尾の鉄魚はいなかった。しりびれが二枚のもいなかった。

今日では、金魚が「フナ」から生まれたという説を、疑う人はほとんどいまい。金魚同士を掛け合わせつづけると、先祖返りして「フナ」が現れるというし、金魚と「フナ」がごく近縁な魚同士であることを疑わせる証拠は、一つもない。

ところが、「野生の金魚」というのは、なぜか存在しないのは不思議である。野生の「フナ」を飼っても、金魚が出現したためしはないという。

「金魚の出現は突然変異なのだから、それで当然です。野生のフナから金魚が現れたならば、それは純粋なフナではなくて、金魚の血がまじった交配品種だった可能性が大きい。鉄魚でも同じです」と、松井先生はおっしゃった。しかし……。

2　岡本養魚場のヒブナ

筆者が北陸の峠の鉄魚に興味をもったのには、もう一つ、別のわけがあった。

金沢市の東南は高台になっていて、地名を小立野《こだつの》という。小立野を縦貫する道は、金沢付近では有名な湯涌《ゆわく》温泉へ行く湯涌街道で、温泉の奥に九谷焼の発祥地とされる九谷がある。

小立野は台地ではあるが、水脈が豊富で、西側のちょっと下がったところに、冷たい湧水を利用した色鯉の養殖場があった。岡本さんというおじいさん一人の養魚場で、すばらしい色鯉がたくさん飼われていた。濁って底の見えない、冷たい池水に腰まで漬かって網を引くと、土に埋もれていた秘宝が掘り出されるように、優雅で美しい、大きな色鯉が浮き上がってくるのだった。

なかでも岡本さんのご自慢は、「竹島」という名の、浅葱《あさぎ》にオレンジ色のかかった色鯉だった。六、七キロを超す巨大な「竹島」は、威厳のあるみごとな鯉だった。それより前、干拓前の河北潟でとれ、水族館に運びこまれた一〇キロを超す大きな真鯉はもっと大きかったが、あんな大きな色鯉は他に見たことがない。

「わしがこの養魚場を始めたときからいる」という岡本さんのいう通りなら、その「竹島」の年齢は六十歳を越していたことになる。岡本さんは、七十五、六歳だった。

岡本さんは面白い人物だった。色鯉の養殖には一家言あり、歯のないくぼんだ口を大きく開けて、大声で語り、大声で笑った。自信満々の大言壮語には、若者がうっかり口をはさめない迫力があった。

岡本養魚場には、色鯉のほかにたくさんのヒブナが飼われていた。真っ赤なのが多かったが、紅白（更紗）もいた。真っ白なのも、フナ色のもいた。尾が短いヒブナ型のと、尾の長いヤマガタキンギョ型の両方がいて、鉄魚と区別のつかない魚もいた。

そもそも金魚は、稚魚のうちはフナ色をしていて、成長するにつれて黒みが薄れ、赤くなる。退色現象というのだが、金魚の品種によって、赤くなる時期に遅速がある。退色の遅い方が金魚としては古いタイプとされる。

岡本養魚場のヒブナは、退色現象の現れるのが非常に遅くて、卵からかえって三年たってようやく退色を完了する。三〜四年たっても赤くならぬものがあり、生涯フナ色のものも三%ほどはある。おとなになったヒブナの体色は、赤、紅白、白、黒、黒赤まだらなどさまざ

図3　金沢・岡本養魚場のヒブナ

まで、フナ色で尾の長いのを鉄魚というんだと、それが、岡本さんの説明だった。

「とくに選別とか保護管理とかは、何《なん》もしておらんのや。春になると、池のへりで勝手に産卵して自然に育つんや」と、得意そうにいう岡本さんの養魚場経営コンセプトには、早くいえば、ちょっと、いい加減なところがあった。

岡本養魚場のヒブナの体形は、「フナ」のうちでは、体高の低いギンブナに近かった。ひれの長さはさまざまであったが、大部分が野生の「フナ」と区別のつかない、短いひれをしていて、その中に、尾びれがとくに長くしだれ尾になったもの、しだれ尾の後縁がちぢれているものなどがいた。尾の長いのは一〇％ぐらいだった。

尾の長い個体は、年をとるにつれてますます尾が長くなり、きちんとした形の開き尾から枝垂れ尾に変わる。しかも、尾びれの後縁がちりめん状にちぢれて、白くなる。

「年取った魚は、三十歳ぐらいになるはずや」

と岡本さんの説明だった。

岡本さんの養魚場では、色鯉とは一応別に、水田を掘り下げたような無造作な池で、ヒブナを飼っていた。広さは二十坪（六七平方メートル）が一面、十坪（三三平方メートル）が三面、深さはどれも四五センチほど。たいして広くも深くもない池である。

岡本養魚場のヒブナには、見落とせない大事な特徴が二つあった。

第一に、ほぼ全部のヒブナの尾びれが二枚のフナ尾で、三つ尾や四つ尾のものはいなかった。

第二に、しりびれもすべてが一枚で、金魚に多い左右一対の、つまり二枚のしりびれのを見なかった。これでも金魚と「フナ」の雑種、または金魚が先祖返りしてフナ型になった魚なのだろうか。もともとの赤い「フナ」ということはないのだろうか。

北海道の釧路市南東部の海岸に春採湖という周囲四・七キロほどの小さな海跡湖沼がある。そこには、昔からヒブナがたくさんすんでいる。といっても、ふつうの「フナ」にまじって、約一％の少数派である。最近は乱獲や汚水の影響で少なくなったが、まだ健在である。ヒゴイに似たオレンジ色で、大きいのは四〇センチにもなる。宮城県魚取沼の鉄魚に四年遅れて、昭和十二年に「春採湖ヒブナ生息地」として国の天然記念物指定を受けている。

春採湖のヒブナは、いったい、どうしてそこにいるのだろうか。ここでもやはり、昔ここに放った金魚との雑種だといわれてきたが、でも本当にそうなのだろうか。しかも、春採湖には、ヒブナよりももっと少数の鉄魚もいるとかで、金沢の岡本さんちの池と比べると、そこがなお面白い。北海道のヒブナは、天塩川水系を中心に、道内のあちこちにいるという。とにかく、筆者がかつて、北陸地方で見聞きしたところでは、北日本、とくに石川県以北の日本海沿岸各県では、ヒブナはそう珍しい存在ではなかった。それらのヒブナと、日本の金魚（と、それから鉄魚）との結び付きは、全然ないのだろうか。

松井佳一博士は、金魚の起源として、フナから色変わりのヒブナが突然変異で出現し、ヒブナから最も原形的な金魚の和金が、やはり突然変異によって生じたとしている。すると、春採湖や北陸のヒブナは金魚の祖型ではないのか。

春採湖のヒブナについては、釧路市立博物館が一九八五年から三年間、保存対策調査をして新しくわかったことがある。そのことは、この章の最後に書こう。

金魚博士の松井先生に、北陸の鉄魚とヒブナについて、質問の手紙を出してみた。さっそく、長文の丁寧なご返事を下さったのには恐縮したが、先生の結論は「何代かの子孫にわたって、絶対に三つ尾としりびれ二枚が出ないと言い切れるのでない限り、それは金魚とフナの雑種だと思う」という、きっぱりしたものだった。

あとで考えてみると、先生のこの論旨には矛盾がある。まず、「三つ尾としりびれ二枚が絶対に出ない証明」はむつかしい。「出た証明」はできても、「出ない証明」は困難だ。いったい、どれだけ待てば、その証明ができるのか。第二に、そうすると、松井先生自身が提唱した「ヒブナから突然変異で和金が出現した」という、金魚の起源説の否定にもつながってしまうのではないか。

もちろん、岡本さんちの池のヒブナを思い付きで調べた程度では、「絶対に」などといえはしない。先生のご意見に反論するためには、説得力のあるはっきりした反証がいる。「学問はそう、簡単なものではないよ」と言外に諭して下さったのかもしれないが、腰が砕けてそのままになった。

ところが、釧路市立博物館の研究で、春採湖のヒブナは金魚と「フナ」の雑種ではない可能性が大きくなった。あとでまた、くわしく説明するが、それにつけても、金沢の岡本さんちの、あのヒブナは何だったのだろうか。

3　金魚はもとは何だったのか

鉄魚とヒブナの話では、たびたび「金魚とフナの雑種」という言葉を使ったが、雑種といってはは誤解をまねくかもしれない。ただ、生物学でいう「雑種」の定義は、じつは多少あいまいで、生物の世界には、いろんな段階の「雑種」がある。その上、「フナ」という名の単一の種類が今はなくなってしまったので、「フナ」という呼び名自体が具合悪くなった。「フナ」がただ一種ではないとすると、「フナ」と金魚との関係はどうなるのか。

金魚学の第一人者だった松井佳一博士は、一九三四年に日本の金魚の人工交配を繰り返して、金魚の系統を調べ上げ、日本金魚のみごとな系統図を描き上げた（図4参照）。

すべての金魚は、どれもが互いに自由に交雑して子を作ることができる。金魚の形は違っていても、同一種の魚のうちの別品種とされているからで、金魚同士の子は、「品種間の雑種」である。

「品種同士」というのは、遺伝的には互いにごく近縁で、たやすく正常な子が生まれ、その子（雑種第一代）や孫（雑種第二代）にも、ちゃんと生殖能力がそなわって、代々の子孫をふやしていくことができる。

では、金魚と「フナ」のあいだはどうか。これがじつは、ちとややこしい。

あとで説明するように、「フナ」はただ一種類ではない。いろいろな「フナ」があり、金魚との類縁上の距離の遠近もまちまちなので、金魚と「フナ」の「雑種」の意味も、なかなか、一筋縄ではいかない。

たとえば、金魚とアジアブナは同じ亜種同士なので、その子どもは、金魚同士の子と同列の、品種間雑種である。金魚とオオキンブナやナガブナとは別亜種だから、その子は、亜種間雑種ということになる。

ゲンゴロウブナとなると、これは金魚とは別種なので、この子どもは、種間雑種ということになる。種間雑種はできにくい。子（雑種第一代）はできたとしても、孫（雑種第二代）

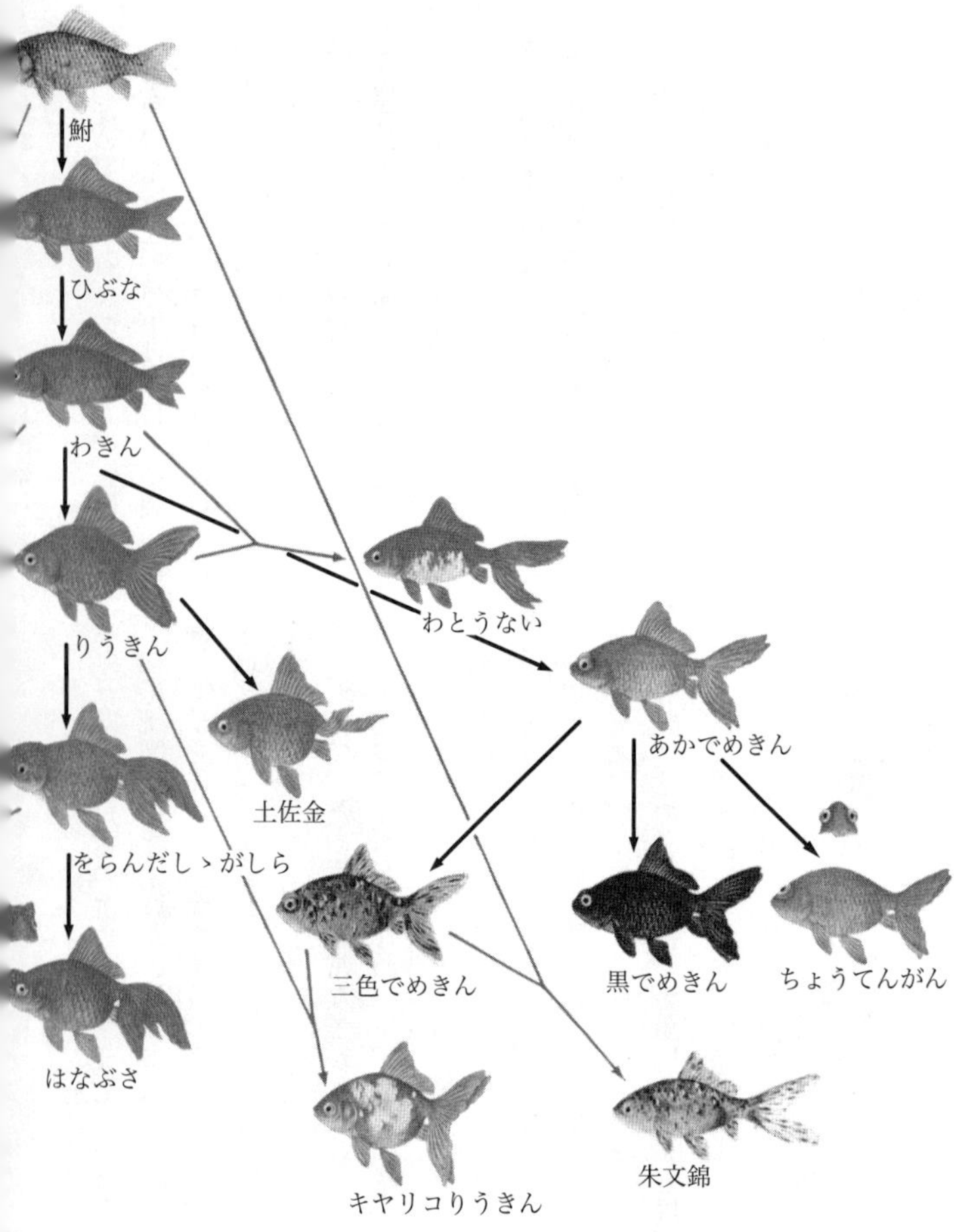
鮒
ひぶな
わきん
りうきん
をらんだしゝがしら
はなぶさ
土佐金
わとうない
あかでめきん
三色でめきん
黒でめきん
ちょうてんがん
キヤリコりうきん
朱文錦

図4　松井佳一「日本金魚の遺伝的研究」(1934)　水産講習所研究報告第30巻　第1号第VI図版（2色）より。交配実験によって確かめられた日本産金魚の品種と系統。金魚名の表記は原著まま。

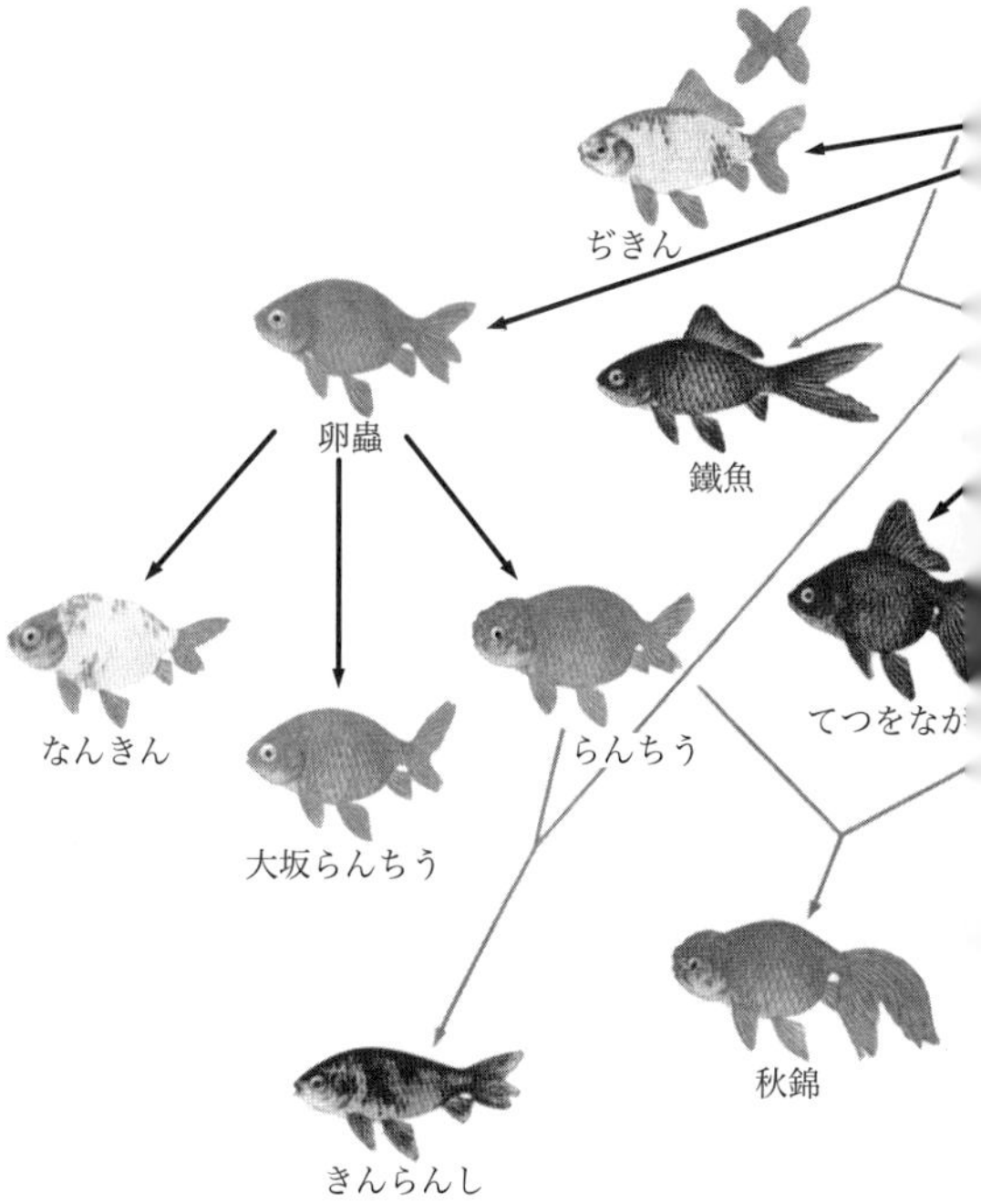

は、もっとできにくい。

「フナ」または金魚とコイとの間柄は、もっと縁が遠い。それぞれ、フナ属とコイ属という、別属の魚同士なので、子は属間雑種である。属間雑種は生まれにくく、生まれてきても、うまく育たない場合が多い。この子（雑種第一代）には、ふつう、生殖能力がない。金魚の祖先がフナとコイの両方ではあり得ない。

だから、いろんな金魚をごちゃまぜに飼ってはならない。金魚の品種管理をいいかげんにしていると、いろんな遺伝因子が複雑に入りまじった子が生まれ、奇妙な姿の金魚が現れる。そして、その子孫がどんな金魚になるかの予想もつかなくなってしまう。しかも、優良な性質よりも、劣悪な性質が強く現れやすくなる。

野生の動物には、属間、種間の雑種がめったに生まれてこないのは、雑種が生まれてきにくいような、生殖隔離の仕組みが働いているからだ。ライオンとヒョウは互いに別種なのに、第二次世界大戦後の動物園では、野生では生まれるはずのない一代限りの子を産ませて、ライパードとかレオポンと名付けて得意がっていた時代もあった。意識の低い時代だった。

ところが、イヌのセントバーナードとスコッチテリアになると、外見はずいぶん違っても、イヌという同一種内の別の品種だから、簡単にまじわって正常な子ができる。子はもちろん、両親の特徴をそなえて生まれ、生殖能力もある。人種も、金魚の品種も同じことである。

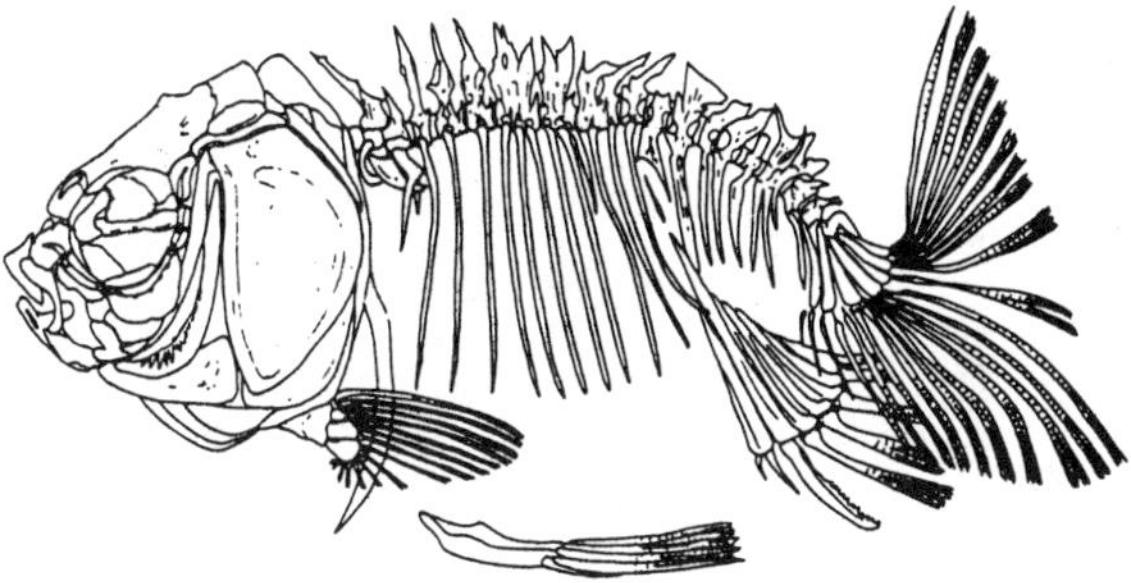

図5　「らんちう」の骨格（藤田清作図　落合明・鈴木克美編著『観賞魚解剖図鑑Ⅰ』）

というわけで、金魚とふつうの「フナ」のあいだにできた「品種間雑種」とか「亜種間雑種」の子には、正常な生殖能力がある。したがって、金魚が野外に逃げ出せば、「フナ」とまじり合ってしまう。産卵期も、産卵習性も、卵の形や大きさも、金魚と「フナ」はほとんど同一なのである。

もっとも、人間の好みに合わせた金魚の姿は、見た目には美しくても、自然にはあり得ない、奇形に近い形になっている。その証拠に、「らんちう」などを解剖してみると、脊椎骨その他の骨格は著しく短縮変形、癒着退化して、かわいそうなほど不自然な変形が起こっているのがわかる。ひれでは、とくに垂直ひれ（背びれ、尾びれ、しりびれ）の変形が著しい。金魚のひれは、魚としては長すぎたり、短すぎたり、品種によっては、背びれが退化欠如している。

とくに、体の輪郭に沿ってタテ一列に並ぶべき尾びれとしりびれが、左右対称形になっているところは、他のどんな魚にもあり得ない、金魚ならではの一大特徴である。

魚の受精卵の中で子魚の体ができていくとき、肛門から後ろにかけて腹縁の真ん中に、タテに一筋の「ひだ」ができる。「肛門皮褶《ひしゅう》」といって、将来のしりびれと尾びれの芽である。金魚では、この「ひだ」が、幅広く厚くなる傾向がある。

幼い金魚では、発育につれて、この「ひだ」がますます幅広く厚くなり、やがて、しりびれが下から左右にはぎとられるように二枚に分かれる。尾びれも下から左右に裂けて、開き尾ができる。

選別される前の金魚の子を、手にとってよく見ると、品種によって出方の割合は違うが、しりびれは一枚のと二枚のとある。一枚と二枚の中間のもある。尾びれの形もさまざまで、フナ尾があれば、開き尾もある。開き尾にも、三つ尾、四つ尾、サクラの花びらに似たさくら尾などがある。フナ尾と開き尾の中間の尾びれをした金魚もいる。

養殖業者は、金魚が幼いうちに将来完成したときの形を見極めて選別し、形の良い金魚の子だけを残す。残したい優秀な形質の金魚をできるだけ多く、無駄な金魚が少ないほどいい。それが優良な血統の金魚というわけである。

今日までのところ、金魚が「フナ」の変種だというのは、ほぼ、確かなことになっている。ところが、科学的な立証手段なんてロクになかったはずの江戸時代にも、金魚と「フナ」が同類であることを、少なくとも有識者は知っていた。

いったい、どんな証拠があって、そう考えていたのだろう。それとも、単なる直感にすぎなかったのか。考えてみれば、不思議なことに思われる。

その昔は、金魚が「フナ」ともコイとも同類と考えられた時代もあった。「フナ」とコイ、それぞれに由来する別々の金魚があると考えられていた気配もある。

『本朝食鑑』（野必大、元禄十年・一六九七）には、「金魚には鯉の種類があり、鮒の種類があり」とあり、中世の料理の指南書『大草殿より相伝之聞書』にも「金魚とは口の黄なる鯉のことにて候」と書かれている。

一方で『本朝食鑑』から百五十年後の『重訂本草綱目啓蒙』（小野蘭山、弘化四年・一八四七）には「深紅色ナルハ金鯉（ヒゴヒ）ト云。コレハ金魚ノ品種ナリ」と、混乱していて意味のよくわからない記述がある。動物分類学の認識のない時代、「フナ」とコイの区別も定かでない時代のことだから、多少の混乱はやむを得まいが、同じ江戸時代でも百五十年もの間隔を置いているのに、金魚、コイ、「フナ」についての認識が、さっぱり改まっていない様子が窺われる。

それに、中国や日本の古文献の「金魚」という言葉が、すべて、今いう「金魚」と同じ意味だったかどうかは疑わしい。ウロコが金色によく光る「フナ」やコイを「金魚」と呼んだフシもある。金色をした魚なら、委細構わず「金魚」と呼んで済ませた向きもあったようだ。

江戸時代には、白い色の金魚を「銀魚」と呼んだが、それもやはり、ある特定の金魚とかを意味したのではなく、銀色の魚、白い魚一般を指す意味合いの方が強かった。つまり「金魚」という名前自体が、魚の種類を指したり、魚の状態を表現したり、自由に使われていたせいもあるだろう。

古い文書に見える「金魚」の意味が、「金色の魚」だったり、「黄金製の魚」や「金属製の魚」だった場合もあって、元来、「金魚」という名詞は、そういう意味の言葉だったのであろう。

4 「フナ」は今では仮の名前

では、金魚の祖先と目される「フナ」とは何者か。これが、たいへんややこしい。

日本の「フナ」は、今、表(三九ページ)の通り、ギンブナほかアジアブナの五亜種と、ゲンゴロウブナ、つまり二種五亜種に分類されている。ここで、「フナ」という名の魚がいないことに気づいていただきたい。皮肉なことに、近年になって日本の魚の研究が進んできたお陰で、「フナ」という魚の名が、日本の魚のリストから消えてしまったのである。

しかし、「フナ」といえば、わが国の淡水魚のうちでは、昔から知名度第一位の魚だった。

「小ぶな釣りしかの川」「どじょっこふなっこ」「たいへんさふなを押さえて網へ入れ」「ふなの念仏（フナみたいに口を小さく動かしてブツブツ未練がましく、愚痴や小言をいう）」などと、日本人にとって、「フナ」は、格別に親しまれてきた川魚の名だった。それが最近は「フナ」のすみ場所もすっかり少なくなって、こんなありふれた魚を見たことがないという子どもや大人が増えた。

これでいいのか。陳腐な言い方だが、やっぱり、日本の将来が気にかかる。

「フナ」はコイ科の魚である。コイ科というのは魚の世界での大部隊で、世界の中河川湖沼に二〇一〇種、そのうちの六〇％、一二七〇種がユーラシア大陸原産で、とくに中国から東南アジアに種類が多い。日本のコイ科の魚は、コイや「フナ」のほか、タナゴやオイカワなど、合計二五属六〇種および亜種とされる。

コイ科の「フナ」は北半球特産で、ユーラシア大陸とその周辺の、昔は大陸の一部だった島々（旧北区という）だけに自然分布する温帯淡水魚である。アフリカ、南北アメリカ大陸、オーストラリアには本来は分布しない。カナダやオーストラリアにいる「フナ」は、アジアから人間が運びこんだのが、野生化したものである。海では生きられないので、大陸性淡水魚、純淡水魚、一次淡水魚などという。だから、絶海の孤島には、本来生息しない。寒さには強いが、両極周辺には分布しない。暑さにも強いが、赤道直下にもいない。

日本の「フナ」は、平野を流れる河川や、その周辺の湖沼にすむ。ふだんは大きな河川湖沼にすんでいても、繁殖期の春になると、岸辺や細流に乗りこんで産卵する。釣り師のいう「乗っこみブナ」である。

「フナ」は浅い小さなため池でも、狭い溝《みぞ》でも、都市部の人工の水域でも生活できる。丈夫な魚で、環境変化にも強く、水温変化、水中酸素の欠乏、多少の人為汚染にも耐えられる。雑食性で、えさになりそうなものは何でも食べる。

「フナ」は、昔から日本中で親しまれてきたので、地方ごとの方言名も多かった。一九八一年に安田富士郎博士が日本中から集めた「フナ」の別名は、七十一もあった（『日本産魚名大辞典』）。しかも、マブナ、ヘラブナ、ホンブナなどと、同一地方にいくつもの方言名があった。それは、一口に「フナ」といっても、色や形や大きさにいろんな変異のあることを、人々が直感的に認識していたからであろう。ちなみに、同じ『日本産魚名大辞典』に出ているコイの別名は、三十ちょうどである。

現在使われている動物の命名法（属名と種小名を並べて書く二名法）を創始したのは、スウェーデンのカール・リンネである。そして、「フナ」の最初の学名は、リンネが一七五八年につけたキプリヌス・アウラトゥスだった。キプリヌスはギリシャ語のクプリノス（コイ）、アウラトゥスは「黄金色をした」の意味である。

リンネの命名当時、世界の「フナ」は、ただ一種と考えられていた。しかも、コイと「フナ」は同属とされて、コイの学名はキプリヌス・クルピオだった。リンネ以来ざっと二百四

「フナ」の分類表（日本の「フナ」を中心に）

コイ目（Cypriniformes　キプリニフォルメス）：世界に5科279属2662種。日本に2科28属76種。

コイ科（Cyprinidae　キプリニダエ）：世界に210属2010種。日本に25属約60種および亜種。

フナ属（*Carassius*　カラッシウス）

ヨーロッパブナ　*Carassius carassius*（カラッシウス・カラッシウス）：ヨーロッパに分布。中国北西部の黒鯽。日本にはいない。

アムールブナ（ギベリオブナ）*Carassius gibelio*（カラッシウス・ギベリオ）、または*Carassius auratus gibelio*（カラッシウス・アウラトゥス・ギベリオ）：中国北部を中心に分布する銀鯽。日本にはいない。

アジアブナ　*Carassius auratus auratus*（カラッシウス・アウラトゥス・アウラトゥス）：中国南部を中心に分布する鯽。日本にはいない。金魚の祖先かとされている。金魚もこれと同一亜種であるから、学名も同じ。

ギンブナ　*Carassius auratus langsdorfii*（カラッシウス・アウラトゥス・ラングスドルフィ）：日本全国に分布。三倍体・四倍体の雌が単性生殖を行う。

ニゴロブナ　*Carassius auratus grandoculis*（カラッシウス・アウラトゥス・グランドキュリス）：日本（琵琶湖）特産。

ナガブナ　*Carassius auratus* subsp. 1（アジアブナ〈カラッシウス・アウラトゥス〉の未決定亜種の1）：日本の特産。北陸、山陰地方および諏訪湖に分布。

キンブナ　*Carassius auratus* subsp. 2（アジアブナ〈カラッシウス・アウラトゥス〉の未決定亜種の2）：日本特産。東北地方の太平洋側から関東地方に分布。

オオキンブナ　*Carassius auratus buergeri*（カラッシウス・アウラトゥス・ブエルゲリ）：日本特産。静岡県以西南の本州、四国、九州に分布。

ゲンゴロウブナ　*Carassius cuvieri*（カラッシウス・キュビエリ）：日本（もとは琵琶湖）の固有種。人為移動のため全国に分布拡大。中国の白鯽も日本から移入された本種である。

十年、コイの学名はずっとキプリヌス・クルピオのままだが、「フナ」の学名はどんどん変わった。

まず、コイと「フナ」は別属に分けた方がよかろうというわけで、「フナ」にはカラッシウスという別の属名が与えられた。そして、ヨーロッパの「フナ」はカラッシウス・カラッシウス（ヨーロッパブナ）、アジアの「フナ」はカラッシウス・アウラトゥス（アジアブナ）と、二種に分けられることになった。カラッシウスはギリシャ語のカラキノスが語源で、まあ、「フナ」を意味する。英名もクルシアンカープという。

そこまではよかったが、その後「フナ」の分類学は、だんだん複雑になってきた。それどころか、「フナ」は魚の世界で最も分類のむつかしい魚であるという研究者もいるほどになった。

とにかく、日本はアジアブナの分布圏である。もう少し正確にいうと、アジアブナの亜種が分布する。亜種の数は五で、ギンブナ、ニゴロブナ、ナガブナ、キンブナ、オオキンブナと、形も分布域も少しずつ違う。別種というほどの違いはないので、一ランク下げた別亜種に分けられている。ただし、日本の「フナ」の分類学は未完成なので、ナガブナとキンブナの学名はまだ決まっていない。

そして、日本には他にもう一種、ゲンゴロウブナがいる。アジアブナの亜種と考えられていたこともあったが、今では独立の別種としてカラッシウス・キュビエリという学名が与えられている。

ゲンゴロウブナは日本特産、いや、本来は琵琶湖特産の「フナ」で、体が高くて平べったく、頭が小さい。湖沼の中層に浮かんでプランクトンを食べる大型の「フナ」である。ヘラブナという別名の方が親しまれているだろう。

日本産の「フナ」、合計二種五亜種のうちで、ほとんど日本中に分布する「全国区」はギンブナだけ、あとは「地方区」である。

「全国区」のギンブナを、さらに、表日本型、裏日本型、西日本型と、細かく分ける学者もいる。

「地方区」の「フナ」のうちでは、ニゴロブナが琵琶湖特産。ナガブナは諏訪湖から北陸、山陰産。キンブナは東北地方の太平洋側から関東に生息する。キンブナに似てもっと大きくなるオオキンブナは静岡県以西の本州太平洋・瀬戸内海側から四国・九州までに分布する。

ゲンゴロウブナは、元来が琵琶湖特産の固有種だったが、大型で美味で、釣りの対象にも面白いということで、人手であちこちへ移され、すっかり分布範囲が広がって、今は「全国区」まがいの「フナ」になった。

中国の「フナ」については、情報が少なくてよくわからない。まだくわしく調べられていないのか、分類も日本に比べると、大まかなようである。

資料によると、中ロ国境のアムール川とその周辺には、アムールブナ（ギベリオブナ）という名の「フナ」がいる。中国名を〝銀鯽〟と書く。サハリン（樺太）にも生息する。中国北部にも多い。もとはアムール川と、その周辺の産であったが、人手で運ばれて、現在では中国南部まで広がっている。

アムールブナ（ギベリオブナ）は、アジアブナの亜種とも、別種ともいわれて、まだ、決着がついていない。学名もアジアブナの亜種（学名カラッシウス・アウラトゥス・ギベリオ）とする人と、独立の一種（学名カラッシウス・ギベリオ）とする人がいて、これも混沌としている。

中国北部から北西部には、黒鯽（学名カラッシウス・カラッシウス）が分布する。学名を見るとヨーロッパブナと同一種である。

中国産「フナ」の三番目は、中国全土にわたって広く分布する鯽《そく》（学名カラッシウス・アウラトゥス・アウラトゥス）で、本来のアジアブナ（ホンアジアブナ）というべき「フナ」である。浙江省や江西省など中国南部に最も多く、金魚の祖先は、この鯽かといわれている。

四番目にもう一種、日本から輸入された白鯽（ゲンゴロウブナ）がいる。浙江省ほかの中国南部には個体数が多い。

というわけで、中国のフナは合計四種、または三種二亜種だけである。日本との共通種は、人間が日本から運んだゲンゴロウブナ以外、一つもない。せまい日本でさえ、五つも六つもの種類のある「フナ」が、広い中国でたった三種類か四種類しかないというのはおかしいようにも思える。中国は世界で最もコイ科の魚の分化が進んだ地方のはずである。

その理由は、日中双方の「フナ」をくわしく比較研究した学者がいないからでもあろうし、中国の「フナ」がまだ、深く調べられていないせいでもあるだろう。また、できるだけ種類を細かく分けたがる学者と、なるべく大づかみに分けるだけにしておこうとする学者と、分類学者の個人的な姿勢の相違もありそうだ。

「フナ」は、生活環境に合わせて形や生き方を変える魚である。だからこそ、分布範囲も広く、たくさんの亜種があり、その中から金魚も出現してきたのだろう。環境に応じて形を変えられる「フナ」の分類がむつかしくなるのも当然だ。むつかしい「フナ」の分類学にこだわるのがこの本の目的ではないので、この辺でやめておこう。朝鮮半島の「フナ」については、ここではふれない。

と、いうわけで、「フナ」とコイは似てはいるが、まったくの別種である。だから、金魚とコイも別種である。コイと「フナ」の雑種も、コイと金魚の雑種もできにくい。たとえば、コイの口元には左右二本ずつの立派な口ひげがあるが、「フナ」にも金魚にもヒゲはない。「たかがヒゲ」と、いってはいけない。これが大事な識別点なのだ。

コイは世界にただ一種で、日本のコイも全国どこでもコイで通る。マゴイという別名もあるにはあるが、同一種のコイを指してまぎれがない。

ところが、「フナ」という呼び名は、「フナ類」の総称であって、「フナ」という単一の種類は今はないのだから、どの亜種の「フナ」をいうにしても、ただフナと呼んでは間違いのもとになる。別種同士のヨーロッパブナ、アジアブナや、ゲンゴロウブナなどを混同して、ただフナと呼ぶのは、もっと居心地が悪い。

この本で、「フナ」とカギカッコに入れて書いてきたのは、そのようなわけである。学問の進歩のせいで、長らく呼び慣れたフナという魚の名が、消滅してしまったのは皮肉なことである。

とはいえ、長らく「どじょっこふなっこ」と呼び慣れてきた日本人としては、フナという呼び名が使えないのは抵抗感がある。フナという名を「フナの仲間」の意味でしか使えなくなると、「金魚の祖先はフナである」という言い方だって、具合が悪いことになる。では、金魚の先祖は、いったい、どんな「フナ」だったのだろうか。

5　金魚のルーツはどこに

金魚の学名は、ずっと、中国のアジアブナと同じ、カラッシウス・アウラトゥス・アウラトゥスとされてきた。この学名は金魚が前節で説明した中国産の鯽と同一亜種であることを意味する。しかし、不思議なことに、金魚と中国の鯽が同一亜種であるという理由は、ずっと明確ではなかった。

もっとも、そもそもの昔の金魚が「フナ」から出現した変異種だったのは、確かなことらしい。卵からかえった金魚の子は、最初はフナ色で、その後、成長につれてフナ色が薄れて金魚色に変わる。変わらないで、一生フナ色のままの金魚もいる。しかも、フナ尾にしりびれ一枚の「フナ」そっくりの魚も現れる。

しかし、たいへん興味深いことに、日本の純粋な野生の「フナ」を何代飼いつづけても金魚は出ないという。「金魚の祖先はフナ」というのに、なぜ「フナ」から金魚が出ないのか。「フナ」は「フナ」でも、日本の「フナ」は、金魚の先祖ではなかったからなのか。

松井佳一博士の金魚の系統の研究の結論を一口で紹介すると、金魚は「フナ」から突然変異によって生じた、というのである。突然変異とは、名の通り「突然現れた変異が後代に遺伝する」ことをいう。ただし、松井博士は、金魚の祖先として、日本産とか中国産とかの、どれか一種（または一亜種）の「フナ」を指名したのではなかった。「フナ」の亜種の議論も手付かずだった時代の「金魚の先祖のフナ」は、総称としての「フナ」の意味だった。

金魚と「フナ」の染色体数は、基本的に同数で、二倍体の2n＝100である。日本金魚も、中国金魚も、日本の「フナ」も、中国の「フナ」も、染色体数は同数である。染色体の形（核型）も互いによく似てほとんど見分けがつかない。

一九七〇年代になって、松井博士のお弟子さんの小島吉雄《おじまよしお》博士は、金魚の染色体をもう少しくわしく研究して、金魚と「フナ」の関係を、今一歩追求しようとした。

小島博士は、日本の「フナ」の染色体を、亜種ごとに調べていった。ただし、当然のことながら、小島博士の研究には、その後に新亜種とされたオオキンブナにはふれていない。今は別種のゲンゴロウブナは、アジアブナの亜種になっている。

小島博士は、「フナ」と金魚の染色体を、Cバンド染色という特殊な染色法で比較してみた。すると、いくつもの「フナ」の亜種の中で、日本のキンブナと中国の鯽と金魚とだけが、同じパターンを現した。

しかし、日本の「フナ」のキンブナのパターンが、金魚と同じというのはおかしいというわけで、さらに筋肉の小片からとったタンパク質の分子型を比較してみた。今度は、中国の鯽と金魚だけが一致した。つまり、日本の金魚の祖先は、中国の鯽であることが証明されたというわけである。

現段階では、日本に渡来した初期の金魚は中国南部から輸入されたといわれているので、小島博士の実験の結論も、そういう一般論と矛盾しない。

ただし、最初から鯽を金魚の先祖と予測した上で、それを立証しようとした研究手法には疑問がある。研究内容をくわしく見ると、のちに別種となったゲンゴロウブナを同じアジアブナの亜種に扱っているのに、これと他の「フナ」や金魚の染色体とのあいだに、何の相違も見出せなかったらしいところにも、矛盾がある。

図6　ヒブナ（上）とギンブナ（下）

日本の「フナ」のうちで、ギンブナは、雄のいない魚として、以前から有名である。群れのほとんど全部が雌でも、ギンブナはちゃんと繁殖する。単性生殖とも雌性発生ともいって、脊椎動物の魚のくせに、ミジンコみたいに雌だけで子を産めるのだ。

かつては、ギンブナの雌の産む未受精卵に、ナマズやドジョウなどの精子が入り込んで、その刺激が引き金になって、卵の発生が始まるといわれてきた。

ギンブナの卵からかえった子魚は、全部が正真正銘のギンブナで、しかも、雌ばかり。ナマズやドジョウとの雑種は生まれてこないので、ギンブナの卵に入り込んだ他の魚の精子は、ギンブナの卵を受精させるのではなく、卵に発育のきっかけとなる刺激を与えるだけだと、長く信じられてきた。

ところが、一九八〇年代に、小林弘博士ほかの研究で、ギンブナのもっと複雑で、興味深い「性の真相」がわかってきた。

雌だけで子をなすギンブナの染色体数は、他の

「フナ」とは違って3n＝150、つまり三倍体の魚が多くを占め、ときに4n＝200の四倍体の魚が混じる。地域や場所によっては、三倍体の雌だけではなく、ふつうの二倍体の雌雄もいて、しかも、その割合は地域や系統によって違う。

表日本型のギンブナには、雄が少ない。とくに、霞ケ浦とその周辺のギンブナは、ほとんど全部が単性型の雌ばかりである。一方、西日本型のギンブナは、高知の南国市や愛媛の西条市などの一部を除くと、雌雄両方がいる二倍体の両性型である。琵琶湖のギンブナ（ヒワラ）は、すべて雌ばかりの単性型だが、琵琶湖周辺の淀川や野洲川には、単性型と二倍体の両性型の両方がいる。北海道のギンブナも、六〇〜七〇％が単性型であるという。

北海道大学の小野里坦《ひろし》博士たちは、染色体数をいちいち数えなくても、赤血球の大きさで、ギンブナの染色体倍数がわかることを発見した。その研究によると、北海道のギンブナは、奥尻島のある場所で最も単性型が多くて一〇〇％に近く、最も単性型の少なかったのもやっぱり奥尻島の別の場所だった。その少なかった理由は、その池に金魚がかつて放されて、その子孫だからだという。ギンブナと違って、金魚には単性型がいないのである。

雌だけで繁殖する単性型は、ギンブナの他には、日本のナガブナや、中国やサハリン（樺太）のアムールブナにだけ発見されている。

そこで、釧路の春採湖の天然記念物のヒブナに、もう一度登場してもらおう。釧路市立博物館の橋本正雄さんたちの研究によると、春採湖のヒブナは大部分が三倍体の単性型で、ヒブナといっしょにいるギンブナは、全部が三倍体または四倍体の単性型だった。北海道の天塩川水系にいるヒブナもやっぱり、三倍体や四倍体の単性型なのだという。春採湖や天塩川のヒブナは、金魚の子孫ではなく「純粋のヒブナ」ではあるまいか。

春採湖のヒブナは、「フナ」と金魚の交雑で生まれたのではなく、この小湖沼で、ギンブナから突然変異で出現したのではないか。少なくとも（中国原産の）金魚とは関係なさそうである。すると、あの内山峠の鉄魚や、金沢のヒブナは、どうだったのだろうか。

金魚が「フナ」に由来するのは確かなことらしいが、科学から見た金魚のルーツ探しは、混迷するばかりである。

第二章　金魚の誕生と日本渡来

1　生まれ故郷は杭州？

金魚の故郷は、現在では一般に、中国南部、と信じられている。日本の金魚は、すなわち、中国伝来というわけである。

金魚が日本で発祥したという主張も、昔はなかったわけではない。「大和国郡山にては、元文三年（一七三八）同藩士佐藤三郎左衛門コヒ、フナの数万尾中より紅斑ある双尾のものを淘汰してキンギョを得。これを同地に於けるその濫觴なりといふ」（藤田経信『編年水産十九世紀史』昭和五年・一九三〇）という記事もある。しかしこれは、本書第五章にも書いた郡山の金魚養殖の歴史を無視した、根拠のとぼしい俗説として退けられ、金魚の日本起源説は、今は取り上げる人もいない。

ただ、金魚の中国起源説は、古書にそう書かれているというのが唯一の根拠であって、生物学的に立証されたわけではない。

金魚の名が、歴史に初めて現れるのは、今から一千五百年以上昔にさかのぼる。中国明代の著述家、李時珍の『本草綱目』（万暦二十四年・一五九六）によれば「金魚は前古知るもの罕《まれ》なり。ただ『博物志』にいわく、渤婆塞江に出づ、脳中に金ありと。……『述異記』に載すらく、晋の桓沖、廬山に遊び、湖中に赤鱗の魚あるを見る、と。すなわちこれなり」（南方熊楠『金魚』一九二七）。

『博物志』は、晋の武帝の時代（二六五〜二九〇在位）の張華の著とされ、『述異記』は、中国晋代（二六五〜四二〇）の書とも、梁の任昉《じんぼう》（四六〇〜五〇八）撰の小説集ともされる。

いずれにせよ、そこに書かれた、晋の桓沖《かんちゅう》が廬山の中の湖水で見たという「赤鱗の魚」が金魚であるとして、李時珍も、これを金魚発見の最古の記録と紹介したのである。廬山は、中国南部の江西省に実在する名山である。

これはつまり「金魚」についての見聞が書物に現れた最初の記述であって、金魚が初めて出現した記録を意味するわけではない。桓沖が廬山で見た「赤鱗の魚」が、今の金魚と同じものだったのなら、金魚は当時すでに金魚だったことになり、どんな魚がどういう経過で「赤鱗の魚」の「金魚」に変わったのかは、なお明確でない。

ただし、原典の『博物志』を検証した松井佳一博士は、これを誤用だとして、原典には「関中に金魚神有り。湧泉を生じ金魚躍り出て雨降る」とあると、訂正している。

中国の金魚学者陳楨によると、十世紀末の北宋代には南中国（浙江省）の嘉興に金魚池があったのが、金魚飼育の最も古い記録であるといい（後述）、南方熊楠はまた、延久四年（一〇七二）、宋に赴いた日本人、釈成尋の『参天台五台山記』に「四月二十九日杭州興教寺を見る、方池あり、黄金白銀魚出で遊ぶ」とあるのを引用して、これが日本人の金魚を見た初の記録だとも書いている。

釈成尋の見た「黄金白銀魚」も、今の「金魚」かどうかは確かではないが、延久年間（一〇六九〜七四）といえば、日本はまだ平安時代で、金魚の日本初渡来の年とされる文亀二年（一五〇二）よりも、四百三十年もの昔のことになる。しかし、別の資料によれば、この頃の中国南部の杭州の寺院の庭に、すでに四角な人工池があって、金魚らしい魚を飼っていたともいう。

この辺の経過を大胆にいってしまえば、今から一千五百年以上昔、中国南部の野生の「フナ」のうちに、赤い色のが現れた。それを捕らえて池で飼い、その後、長い年月をかけて、赤い「フナ」から赤い子魚をとり続けるうちに、金魚の祖先といえる魚になった。その後、さらに積極的に淘汰と改良を繰り返して、ついに金魚が出現したと、いうことになろうか。

すると、すぐ疑問がわいてくる。ならば、野生の金魚の先祖（松井先生のいわれた「純粋なヒブナ」か）を捕らえて飼って始まった金魚の飼育史の草創の時代、金魚の出現は最初のうちだけで、もう二度と同じことは起きなかったのか。なぜ、野生の「フナ」から次々に後続の金魚は出なかったのか。

理屈からいえば、野生の「フナ」が赤くなってヒブナになり、それから金魚になったのなら、その後も、繰り返し繰り返し同じチャンスがあってもいいはずだ。晋代といわず、ずっと後年の中国で、たとえばこの二十世紀にも、野生の「フナ」から赤い色の「フナ」が、金魚の新しい祖先として、続々と出現しつづけていてもいいはずである。それが、そうではないのは、なぜなのか。先にもちょっと書いたように、現在の日本の野生の「フナ」から、いくら待っても金魚は出ないのは、なぜなのか。

ヒブナがもし、自然に突然変異した色変わりの野生のギンブナとかであるのなら、「金魚の祖先は中国の鯽《そく》に限る」という説は根拠を失い、春採湖のヒブナみたいに、日本の「フナ」からも、金魚が現れる可能性があることになりそうだ。

でもなぜ、金魚は赤いのだろう。

「フナ」と金魚とに限らず、本来は黒っぽい色の魚が、何かの原因で赤や黄色に変わる現象は、魚の世界ではそれほど珍しくはない。ドジョウ、ナマズ、コイ、メダカ、ウナギ、ティラピアには、黄色の個体がときどき現れる。黄色のニジマスは、観賞用になるほど美しい。伊豆七島や小笠原の海の魚のイスズミ（ササヨ）の群れには、しばしば、黄色の個体がまじる。黒い大形のタツノオトシゴ（オオウミウマ）を水族館で飼うと、初めは黒かったタツノオトシゴが、やがて黄金色に変わる。

明の李時珍の『本草綱目』にも「金魚にはコイ、フナ、ハゼ、ドジョウなど数種がある。ハゼやドジョウは得難いが、金色のフナはずっと昔から知られていて」という一節がある。ここでも、金色の魚を一括して「金魚」といっている。

魚の表皮と真皮には、黒、赤、黄の三色素がふくまれる。それらの色素は無数の顆粒になっていて、色素胞という不定形の細胞に入っている。この他、白色胞《はくしょくほう》と虹胞《こうほう》というのがある。

黒い色素はアミノ酸の一種のチロシンという物質が作り出すメラニンで、メラニンは、魚の体内で自己生産できる。一方、赤と黄の色素は種々のカロテノイドの現す色で、これは自己生産できず、えさから取り込まなければならない。

金魚の赤い色は、えさのカロテノイドを取り込んだもので、赤みの強い金魚には、アスタキサンチンといって、マダイの赤と同じカロテノイド、オレンジ色の金魚には、アルファ・ドラデキサンチンという、また別のカロテノイドが多い。カロテノイドの赤や黄と、メラニンの黒の重なり具合によって、赤さの濃淡も表現できる。

新鮮なオキアミやイサザアミをえさにして金魚を飼うと、金魚の赤い色に光沢（照り）が出る。アオコをえさにまぜて与えると、金魚の体色が鮮明になる。それはあながち、迷信や俗説などではなく、えさから金魚へと、カロテノイドが活発に移動するからである。

理屈でいえば、赤と黄の境界は必ずしもはっきりしないはずだが、魚の色素胞の場合、赤と黄は、一応別扱いにされている。顕微鏡を覗いてみると、赤と黄の色素胞は別々に独立して、きちんと見分けられる。「フナ」の「フナ色」は、黒と黄の色素胞が、木の枝を重ねるように隙間だらけに重なっているために、黒でも黄でもない中間色に見えるのだ。白い金魚の「白」は、白色胞（白色素胞）のせいで、光を屈折したり反射したりする。白色素胞は、中に色素があるのではなく、むしろ空っぽで、そのために光を屈折して白く見せるのだ。純白の美しい金魚が、次第に黄色っぽくなってがっかりさせられるのは、ルテインという黄色のカロテノイドが、だんだん蓄積されてゆくためである。

それから、金魚のウロコが光を反射して、キラキラ黄金色に光るのは、黒、赤、黄、白のどれでもない、虹胞または虹色素胞という名の色素胞のせいである。虹胞の中には、タチウオのウロコにあるのと同じ、銀色のグアニンが並び、虹《にじ》の七色に光を反射する。虹胞と、黒や赤の色素胞とが重なれば、その部分は深い赤に見える。虹胞に黄の色素胞が重なれば、すばらしい黄金色に輝いて見える。

体表に虹胞がなくて、光を反射しないウロコをもった金魚もある。「透明鱗性の金魚」というのがこれで、全身のウロコに虹胞がなくて、光をまったく反射しない「全透明鱗性の金魚」は、ウロコが光らないので、体色が深く沈んで見えて、非常に美しい。

部分的に虹胞を欠くと「モザイク透明鱗性の金魚」になり、うまくすると、網目模様の鱗をした豪華な雰囲気の金魚が現れる。

要するに、金魚には、黒、黄、赤の三色素胞のほか、光を屈折して白く見せる白色胞と、虹色に光る虹胞と、合計五種類の色素胞がある。金魚は、たったこれだけの色素を微妙に組み合わせて、金も紫も茶も青もと、表現しにくい複雑な体色斑紋を現している。

体色の基本の黒色素が多ければ、またはいちめんに拡散すれば、その魚の体色は濃くなり、少なければ、または点々と散らばれば、その魚の体色は薄くなる。遺伝的に黒色素がなかったり、黒色素を作り出せなければ白化現象（アルビニズム）が起こる。

黒色素のメラニンは、細胞内のチロシンが、酵素のチロシナーゼに酸化されて作られる。もしチロシナーゼがなければ、メラニンが作り出せず、本来の体色も出せず、真っ白な白子になってしまう。白ウサギの眼が赤いのは、白いウサギが白子（アルビノ）で、メラニンのない眼球に血液が赤く透けて見えるからである。

しかし、魚では、白ウサギのような完全なアルビノは出にくい。魚の場合は、黒色素を作り出す能力が不十分でも、多くはチロシナーゼ欠乏とまではゆかず、メラニン形成能力が不完全なだけの場合が多いからだ。体も真っ白にはならず、えさから摂取したカロテノイドの黄色や赤色を薄く現す場合が多い。ニジマスのアルビノのキイロニジマスやドジョウアルビノのキイロドジョウが、美しい鮮やかな黄色をしているのは、このためである。

それで、不完全なアルビノの黄色のニジマスには、眼の赤いのも黒いのもいることになる。もちろん、眼の赤い方が、真のアルビノか、それに近い。アルビノの金魚の場合も、眼は黒かったり赤かったり、まちまちである。新しい中国金魚には、体が茶色のまだらで、眼だけが赤いという、アルビノであるようなないような奇妙な品種もある。

ところで、「野生の『フナ』を、何代飼い続けても、赤い『フナ』さえ、めったに出現しない」と先に書いた。しかし、一九八一年のある日の新聞に、体形が「フナ」で、体色は金魚と同じ紅色、白色、藍色および紅白の野生の魚が、中国寧夏省で、多数発見されたという外電記事を見付けた。片隅の小さな記事だったが、本当なら、金魚のルーツを探している人間にはビッグニュースであった。もし、この報道が科学的にも正しければ、この発見は金魚のルーツ探しに、新しい手掛かりを与えるかもしれない。

中国書『浙江動物誌・淡水魚類』（一九九四・浙江動物誌編輯委員会）には、「浙江の天然水域の鯽は、体重五〇〇グラム以上になり、生態環境が同一でないとき、鯽の形態性状ならびに体色は多様に変化する。金魚は（この）鯽を飼育して変化させたもの」とあるが、その意見の根拠については何も書かれていない。この意見が先の寧夏省発の「ニュース」と、どうつながるのかもわからない。

『秘伝花鏡』（康熙二十七年・一六八八）には、金魚の故郷を中国南部の浙江省の嘉興または杭州付近としているが、その根拠も、この文献が古いだけになお明確でない。もっとも『秘伝花鏡』の著者陳扶揺は、杭州西湖の人であった。

「フナ」と金魚のルーツを追うのはこれからもむつかしそうである。

ただ、方法がないわけでもあるまい。

世界のハツカネズミは、ただ一種だが、昔は世界で百数十亜種にも分けられていた。それが一九四七年に十七亜種にまとめられて、最近は、遺伝学的にさらにくわしく、系統の追跡が行われるようになった。

ハツカネズミには、野生型、共生型、野生復帰型の三つがある。人類と無関係に生きてきた「野生型」、人類とともに暮らし、人類といっしょに移動してきた「共生型」、共生型から野生に戻った「野生復帰型」と、ハツカネズミの三系統が成立した歴史は、一万年もの昔にさかのぼる。人類といっしょに生きてきたハツカネズミの足跡を追えば、人種や民族の起源も追跡できるかもしれないというわけで、国境を越えて、結構大掛かりな調査が進んでいる。

ハツカネズミのルーツを追求するには、体細胞のミトコンドリア遺伝子（mtDNA）を調べる。ミトコンドリア遺伝子は、母性遺伝といって、雌親の性質だけを伝えるので、亜種や品種の系統の調査には都合がいい。

金魚の系統を調べるにも、遺伝子の研究が役に立つはずである。雌しかいない単性型のギンブナとか、（北海道の）ヒブナとか、両性型の金魚と中国の現生の鯽との関係。今は「金魚の故郷は南中国」という説を揺るがすものは何もないが、私には、金沢の鉄魚やヒブナと金魚との関係が、どうしても気にかかる。

2　中国金魚の大発展

日本の金魚の本題に入る前に、本家中国での金魚飼育の歴史と発展ぶりについて、あちらの文献を頼りに、簡単にまとめておこう。

王春元『中国金魚』（一九九四）は中国の金魚飼育の歴史を、三世紀以来現在まで、第一、第二、第三と三期に分け、第三期をさらに第一～第五時代に細分している。

第一期の「野生時期」は、晋朝から隋朝まで（二六五～六一八）で、金魚はまだ飼育されていなかった。湖沼に赤色の鯽《そく》（現在の「金魚」と同じものかどうかは疑わしいにせよ）が発見されていた。

第二期の「半家養時期」は、唐朝初期（六一八～）から、北宋末年（九代欽宗、一一二六）まで。天然に生息する野生の鯽ないしは金魚を捕らえて池に放っていた時代で、とくに、黄金色の鯽が多数発見されていた浙江省嘉興、杭州では、捕らえた鯽のうちから良い美しい魚を選び出して飼っていた。唐の詩人杜甫（七七〇没）にも「金魚換酒来興……」（金魚を酒に換え興来たり）と有名な詩の一節がある。

でも、この当時「天然に生息する野生の金魚」とか「黄金色の鯽」が、どんな魚だったかは確かでない。黄金色の光沢をもつだけの、ただの鯽だった可能性もなきにしもあらず。あるいは本当に、赤い「金魚色」に色変わりした鯽だったのかもしれない。もう少し進んで、ヒブナや、二つ尾の「わきん」みたいな魚でもあったのか。

第三期の「家養時期」は、金魚を「家魚」として飼育するようになった時期で、次のように五つの時代に細分される。

（一）第一時代が「家池養時代」である。南宋初代高宗の代（一一二七）から、南宋滅亡（一二七九頃）までの百五十二年間で、金魚専用の池が作られ、金魚の飼育と観賞が始まっていた。

高宗は南宋の都臨安（現在の杭州）に壮麗な宮殿を建て、庭園の池四十余に金魚を放った。皇帝以下の上流階級に、金魚を園池で飼うのが流行した。金魚飼育の専門家も現れ、「小紅虫」（イトミミズであろうか）が金魚のえさに好適であるとか、繁殖の仕方なども知られていた。金魚の品種は、紅黄色、銀白色、花斑（黒白斑）の三種だけだった。

（二）第二時代が「由池養到盆養過渡時代」で、つまり、金魚飼育の主流が池から容器へ切り替わる過渡期である。南宋代末年（一二七九）から元代を経て、明の世宗代（嘉靖帝）の一五四六年頃まで。元の文宗（泰定帝）の頃には、金魚の飼育が、中国南部だけでなく、鎮江や北京へも広まっていた。

明の宣宗（宣徳帝）が描かせたと伝えられる、『魚藻図』（宣徳四年・一四二九）という古

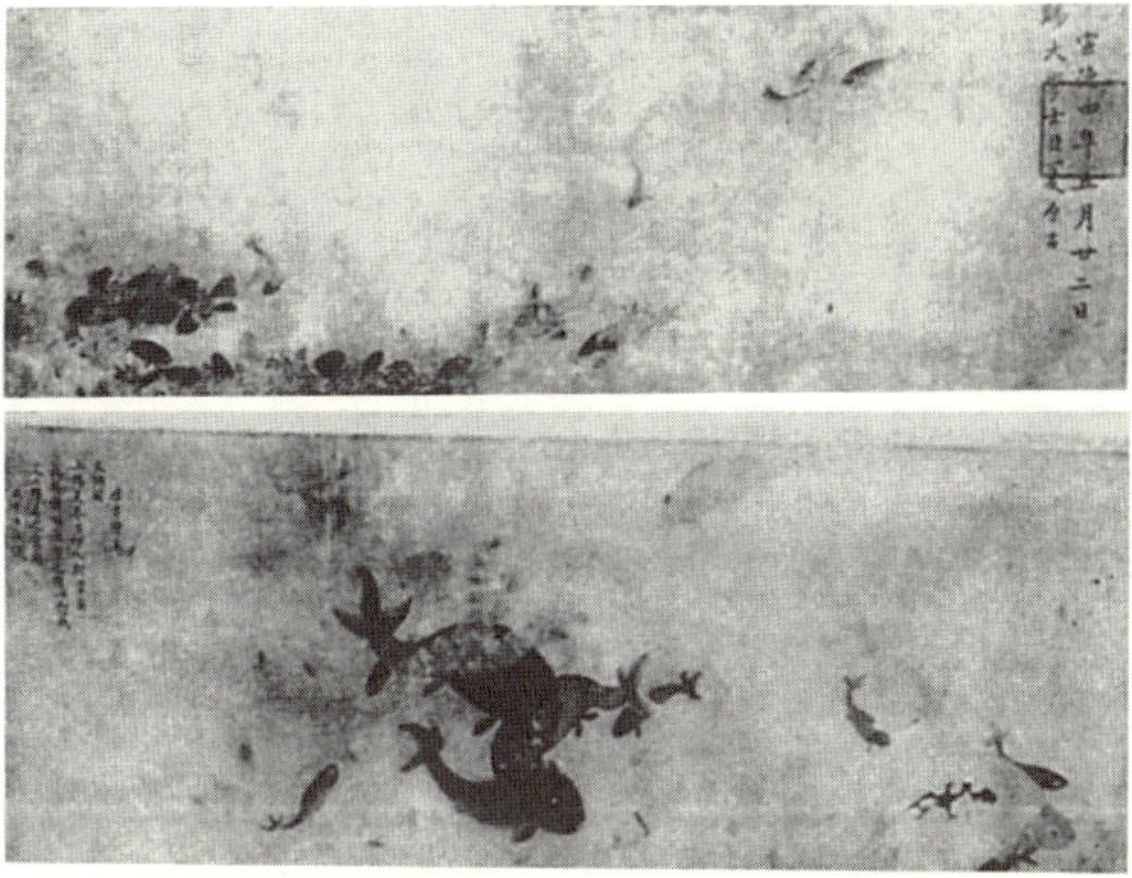

図7　『魚藻図』〈中国、宣徳4年（1429）〉背びれのない金魚や出目性の金魚が描かれている

い絵巻物には、出目、無背鰭、透明鱗、長尾、三つ尾などの金魚が極彩色で描かれ、この頃の中国ですでに、金魚の基本体形ができつつあったことがわかる。

武宗（正徳帝）の時代（一五〇六〜二一）には、北京皇城南城に多数の金魚が飼われ、次の世宗（嘉靖帝）の代（一五二一〜六六）になると、大切な金魚の飼育には、池よりも陶器の大鉢が用いられるようになった。中国でいう「盆養時代」の幕開けである。

（三）第三時代が「盆養時代」で、明朝末から清の宣宗（道光帝）時代（一五四七〜一八四七）まで。金魚は庭先や屋内に置かれた陶製の水がめ（缸《コウ》）で飼育されていた。

明の世宗の頃から、中国では高級金魚だけでなく、一般の金魚も陶製の容器で飼われ（盆養）て、金魚飼育の大衆化、普及が始まった。一方で、この頃、朝廷や地方豪族には、門外不出の珍奇な金魚が作り出され、密かに飼われていた。現在の日本で、わりとふつうに見られる頂天眼や珍珠鱗は、明代の宮廷や地方豪族が門外不出とした秘魚珍種だった。すなわち、金魚の大衆化と高級化と両方の方向への発展が始まった時代でもあったのだ。

明の神宗（万暦帝）の時代（一五七二〜一六二〇）には、蘇州の人、張謙徳に『硃砂魚譜』"Zhushayu pu"（一五九六）という、有名な金魚飼育の手引書がある。一五九六年は日本の慶長元年に当たる。豊臣秀吉の最初の朝鮮出兵が失敗に終わり、二度目の朝鮮出兵が企てられた年だった。この七年後、十七世紀に入ってすぐ、徳川家康が江戸に幕府を開いた。

『硃砂魚譜』には、金魚の形態についての解説や見方の説明、水質、餌、容器の水がめの材質の善し悪しについてまで、くわしい説明がある。

「金魚を飼育する容器は磁州産の粘土で焼いた器を最上とし、杭州宜興産のそれも使って悪くないが、色つやがあまりよくない」から始まって、金魚の飼育法の詳細を述べ、金魚の品種の解説もあって、先駆的な金魚飼育のすぐれた手引書だった。

同じ神宗代の一六〇七年、王圻《おうき》の著した『三才図会』一〇六巻には、金魚の説明と蓮池を泳ぐ二つ尾と三つ尾をした金魚の図があり、初期の素朴な金魚の姿がしのばれる。

この時代には、金魚の体色も、紅黄、白、花斑のほかに、後に金魚の基本品種となった五花（三色キャリコ）、双尾（開き尾）、双臀（二枚対をなすしりびれ）、長鰭（長いひれ）、凸眼（出目性）、短身（太短い体形）など、基本的な品種が出揃っていた。

金魚の観察も細かくなり、明の王象晋（万暦進士と号す）の書『群芳譜』（一六二一）に

金魚體如金一名火魚有
通身赤者有半身赤者有
亂赤文者有背赤文作卦
形者有頭赤尾白者有鱗
紅身白者色象各各不同
碧雞山下洞内有金線魚
中都有玳瑁魚雪質而黑
章的礫若漆黴然玳瑁文
采尤可觀也

図8　王圻『三才図会』金魚の解説と図　三つ尾（上）とフナ尾（下の2尾）

は、金魚の体色が幼時は黒く、成長につれて退色して斑紋を現し、成長すれば金色、年老いれば銀色に変わる。金魚に鯽と鯉の両種があるなどと書かれ、「明朝崇禎皇帝時代……当時民間金魚的品種已超過四十種」（明の崇禎帝の代に、民間の金魚の品種はすでに四十種を超えていた）ともある。崇禎帝（毅宗）の治世は一六二七〜四四年の十七年間であった。

こうして、金魚を容器で飼育する習慣が広まると、上流階級や支配階級の独占物だった金魚も一般市民にも開放されて、金魚の大衆化が始まった。

宋代の皇帝の庭園の池で、金魚飼育が始まってから、大衆が容器で金魚を飼うようになるこの時代まで、ざっと五百年がすぎている。

金魚の大衆化につれて、大小さまざまな容器が金魚飼育に使用されるようになった。飼育法も改良され、不良魚の淘汰による選別も進んで、金魚の体色体形は多様になってきた。ただし、この時代にはまだ、品種の固定を目的とする意識的な選別は行われなかった。

それでも、ソヴィニーの『中国における金魚の自然史』"Histoire Naturelle des Dorades de la Chine"（一七八〇）には、八十余りの金魚の品種が描かれている。

中国の金魚飼育史の上で、明代は重要な時期だった。王占海・史平煒『金魚及熱帯魚的飼養』（一九八三）にも「明是我国金魚発展的最盛期」（明代はわが国の金魚の発展最盛期でもあった）とある。

わが国の江戸時代の本草書などの金魚に関する記述の多くは、張謙徳の『硃砂魚譜』を引用、ないしは下敷きにしている。たとえば小野蘭山の『本草綱目啓蒙』（享和三年～文化三年・一八〇三～〇六）に「今ハ人家ニ多ク養フ。魚近レ土則色不二紅鮮一、必須二缸畜一、缸宜二底尖口広大者一為レ良ト秘伝花鏡ニ見エタリ」……つまり「金魚を土に近付けて飼うと赤くならないので、必ず水がめで飼うこと。底のせまい口の広い水がめに飼うとよろしい」などとあるのも『硃砂魚譜』の受け売りに違いない。

王春元『中国金魚』（一九九四）の、時代区分の紹介に戻ろう。

（四）中国金魚飼育史の「家養時期」の盆養時代に次ぐ第四時代は、「有意職人工選抜時代」で、清朝末期（一八四八）から、中華民国初頭（一九二五）までの七十七年間である。金魚の飼育や繁殖の研究が進み、意識的な品種改良が活発に行われ、次代の発展の基礎となる多数の新品種が作り出されていた。

（五）第五時代は「雑交育種時代」で、一九二五年から現在まで。科学的な人為淘汰による改良が進んで、金魚の品種の数は著しく多くなり、二百八十品種に達した。

傅毅遠・伍恵生『中国金魚』（一九八七）には、確実に固定された中国金魚の品種の分類一覧表があり、龍種、文種、蛋種、龍背種と、合計四種二百六十品種が、ずらり列記されている。その品種の多くは一九五〇年代、つまり第二次世界大戦後に作り出されている。

もっとも、現今の中国の金魚の品種の分け方と命名法は、日本のそれとは違う。日本では新品種の固定に成功すると、「江戸錦」とか「浜錦」とかの固有の品種名を任意に考えて新しく命名する。品種名と金魚の系統のあいだには、必ずしも関連はない。命名法などのルールもない。これに対して現在の中国では、まず、龍種とか文種とかの体形や体色の特徴によって分類した既往の通称を付け、特徴を表す名を組み合わせて品種名とする。ドライで合理的である。

たとえば、中国金魚で「紅頭蛋球獅子頭」といえば、「体が白くて頭が赤く、鼻ひだが広がって、しかも獅子頭」の金魚をいう。具体的には「丹頂」と「はなふさ」と「をらんだししがしら」の特徴を兼ねた金魚ということになる。

また、「紅白龍珠翻鰓」といえば、「色は更紗、りうきんの体形、ウロコが粒状に丸くふくらんだ珍珠鱗の特徴も持ち、エラぶたが反転して赤いエラが見える」金魚ということになる。ややこしいようでも、読んで字のごとく、それがどんな特徴をもつ金魚なのか、名を見ればすぐ理解できる。

中国産金魚の品種数現在二百八十以上というのと、日本産金魚の品種が三十数種類なのとは大きな隔たりがあるが、品種の数え方がこんなふうに違うので比較しにくい。現在、日中両国の金魚に共通の品種は、ほとんどない。

それにしても、第二次世界大戦後、昭和三十年代の日本に上陸した「新しい中国金魚」は、日本人が金魚に対して抱いていた固定観念を嘲笑うような、奇抜な金魚ばかりだった。日本在来の穏やかで優美な金魚を見慣れていた、当時の日本のアクアリストに大きなカルチャーショックを与えたものだった。

昭和三十二年、中国とのあいだで再開された民間交流で、中国金魚八種が日本に入ったのがきっかけとなり、昭和三十六年に本格的な再輸入が始まった。その頃の中国金魚は、東京市ケ谷の堀端に生けすを浮かべていた三京水産という金魚屋さんに行けば見られた。社長の江原重利さんは、中国金魚の輸入と普及にたいそう熱心な人物だった。

3　戦国時代に金魚の渡来

金魚の日本初渡来の時期については、いくつか異説がある。うち、室町中期の文亀二年（一五〇二）の初渡来とする説が最も古く、今はそれがほとんど定説のようになっている。文亀二年説の最も重要な根拠は、わが国最初の金魚飼育の手引書といわれる安達喜之『金魚養玩草』の序章「金魚のものがたり」に書かれた、次のような一節である。

「或老人の云金魚ハ人王百三代後柏原院（筆者注：実際は百四代）の文亀二年正月廿日はじめて泉州左海の津にいたり珍敷事なりとて其由来をしるしたるものありたるにいづれの時にか其書失《うせ》侍りける」

現代文に書き直せば、「ある老人がいうのに、金魚は後柏原天皇の治世の文亀二年一月二十日に、和泉国堺の港に渡来した。珍しいことだからと、その成り行きを書き付けたものがあったのだが、その書物はいつのまにか紛失してしまった」と。

歴史上の考証に結び付けようというのに、「大事な証拠の資料をなくしてしまったが」とは、いささか頼りない話である。しかし、他に有力な反証もないところから、松井佳一博士以来の日本の金魚飼育史では、この『金魚養玩草』の記述を拠りどころにして、日本への金

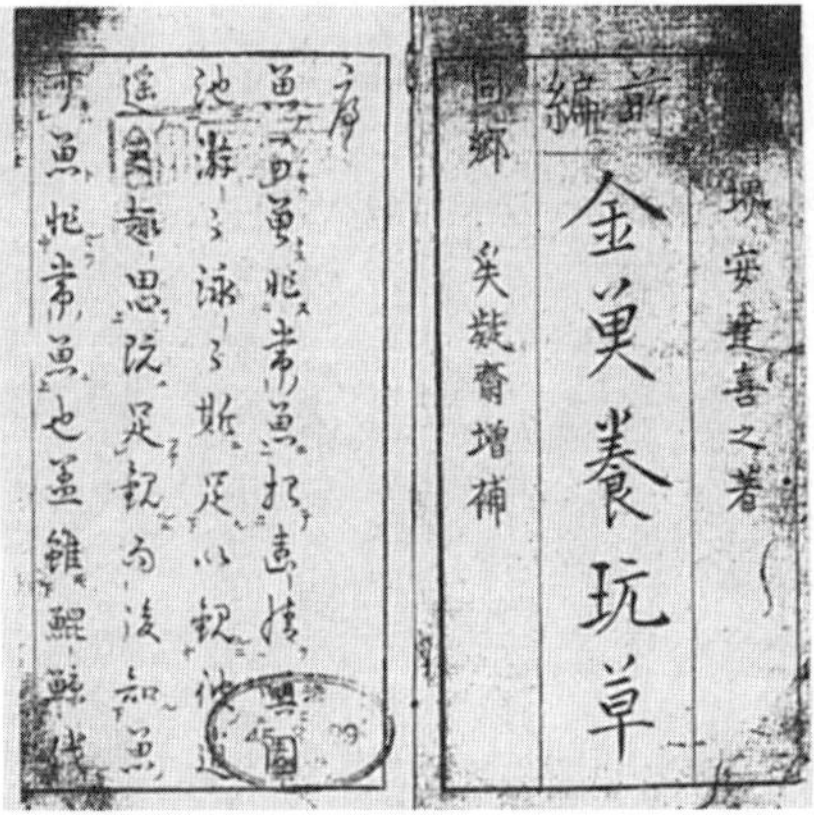

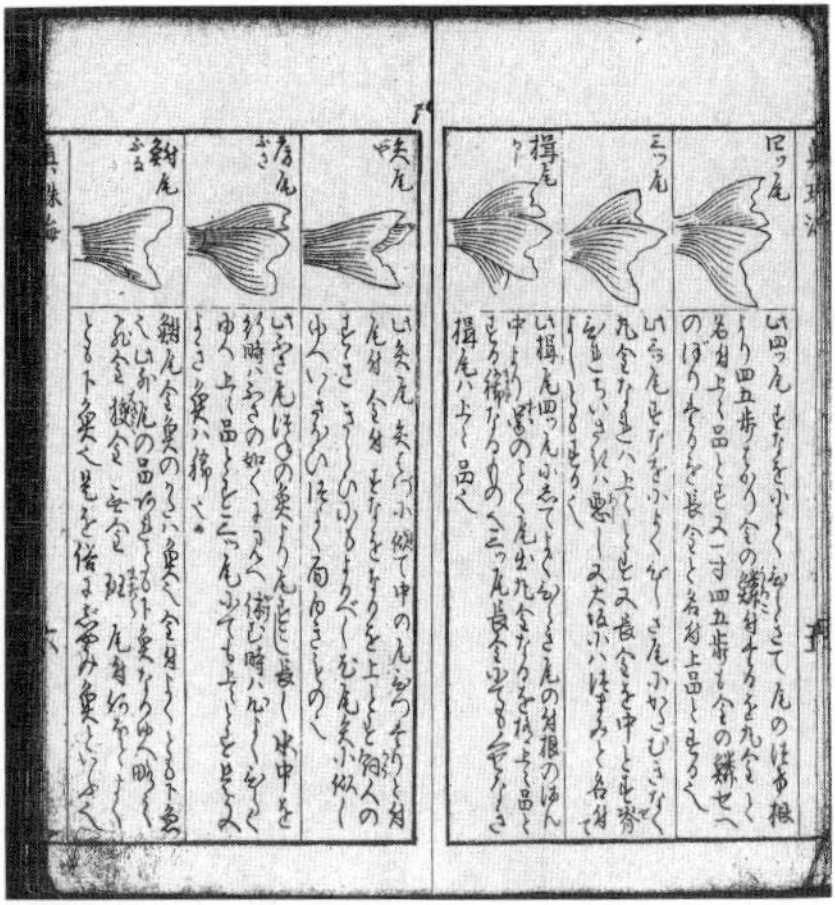

図9、10　安達喜之『金魚養玩草』の扉と、当時の金魚尾ひれの変化を図解

魚初渡来を十六世紀初頭としている。

文亀二年の一五〇二年は、海の向こうの中国は、明の孝宗（弘治帝）の時代に当たる。当時のヨーロッパは、いわゆる大航海時代に入っていて、一四九八年、ヴァスコ・ダ・ガマがインド航路を開いたのをきっかけに、中国は世界貿易の波に洗われ、欧州列強国が東洋に眼を向け始めた。南中国の港は東洋貿易の中心になりつつあった。

先に説明した中国金魚飼育史の時代区分に照らし合わせると、この時代は、第三期「家養時期」の「過渡時代」の終わり頃に当たる。すなわち、朝廷を中心とする上流階級で飼われていた金魚が、園池での飼育から容器で飼われつつあった。金魚の種類はまだ多くはなかったが、孝宗（弘治帝）よりも五代前の宣宗（宣徳帝）の代、一四二九年の『魚藻図』には、紅黄、銀白、黒白斑などの色と、出目、無背鰭、透明鱗、長尾、三つ尾などの金魚が描かれていた。

孝宗の次の武宗（正徳帝）の代、一五〇六年になると、北京皇城南城の園池に多数の金魚が飼育されるまでになった。

さかのぼって一三六八年、明朝を興して太祖洪武帝を名乗った朱元璋は、政治の大改革を行って社会の安定化に成功しつつあり、以来、明は全盛期を迎えようとしていた。明と日本とのあいだには、貿易と国際紛争に関わる問題が次々に起こり、日中両国は友好接近と国交断絶を、目まぐるしく繰り返していた。

正平二十四年（一三六九）には、医師竹田昌慶が、開国したばかりの明国に渡って、医術を学んできた。昌慶は先進的な医家の秘訣を明から伝授されたばかりか、銅製の人体模型まで手にして、天授四年（一三七八）に帰国している。

一方で、十四世紀の後半には、倭寇（日本人辺民）が、明国（ことに山東、浙江）沿岸を盛んに侵したので、明からたびたび抗議を受けた。一三七九年には、明の太祖から絶交を宣言されている。

明徳三年（一三九二）、日本では足利義満が南北両朝廷を合流し、後小松天皇が三種の神器を継承した。

応永八年（一四〇一）、足利義満は明に使節を派遣し、翌九年に明の成祖（永楽帝）からの国書を受けている。

応永十一年（一四〇四）になると、明国とのあいだに勘合（貿易）条約が結ばれて、日本からは六回合計三十七隻の勘合船（遣明貿易船）が海を渡った。この貿易条約は、ときの明国永楽帝（成祖）の名をとって、永楽条約と呼ばれた。かと思えば、応永二十六年（一四一九）に朝鮮の兵が対馬を襲ったことから、また、明との国交が断絶した。

その後しばらく不仲の時代をはさんで、永享四年（一四三二）に遣明船が復活する。永享六年には勘合条約が再締結され、ときの明国宣徳帝（宣宗）の名をとって宣徳条約と呼ばれた。以後、前後十一回にわたって、合計五十隻の勘合船が日明両国を往復している。

こんなふうに、対明貿易の盛んだった時代に、金魚飼育も全盛だった明国から堺の港へ金魚が渡来したとしても、少しも不思議ではなかったかもしれない。

天文十二年（一五四三）、ポルトガル船が種子島に漂着して鉄砲を伝えた。

天文十八年（一五四九）、ヤソ会宣教師フランシスコ・ザビエルが来日して、キリスト教の伝道を始めた。

ザビエルの来日に十年遅れて、室町時代も終わりに近い永禄二年（一五五九）、日本へやってきた宣教師ガスパル・ビレラは、堺の町についての印象を、手紙（一五六一）にこう書いている。

「堺の町は甚だ広大にして、大いなる商人多数あり。この町はベニス市のごとく、執政官によりて治めらる」

「ベニス市のような執政官」というのは、当時の堺の町を仕切っていた納屋衆のことである。納屋衆たちは、堺の浜にそれぞれの納屋（倉庫）を所有し、廻船、貿易に手を広げ、金貸しを兼業して巨万の富を蓄えていた。戦乱の時代に武士の力に頼らず、武力を持った自治組織をつくって自衛しながら対外貿易をつづけ、日本への海外文化の供給に寄与し、堺の町を発展させた。それも、納屋衆の力だった。後年、フィリピンに渡って活躍した呂宋《るそん》助左衛門も堺の納屋衆の一人であった。

天正元年（一五七三）、第十五代将軍足利義昭が織田信長に滅ぼされて室町時代は終わる。結局、室町時代の前半は、室町文学が起こり、茶の湯、挿花、謡曲が流行して、室町文化の花の咲いた優雅な時代だった。それが後半になると、一転して戦国時代の名の通り、群雄のあいだの戦乱に明け暮れる時代に変わっていく。

慶長五年(一六〇〇)、関ケ原の戦いで豊臣方は破れ、天下の大勢が決まった。

慶長八年(一六〇三)、徳川家康によって江戸幕府が開かれた。いよいよ、江戸時代の始まりである。しかし、その後、江戸幕府は鎖国政策を強化し、対外貿易は次第に衰微していった。

寛永十二年(一六三五)、日本人の海外渡航と帰国が禁止され、外国船の来航は長崎、平戸の二港に限って許されることになった。

寛永十八年(一六四一)、外国貿易は長崎一港に制限された。折から中国では、一六四四年に三百年にわたる明朝が滅亡し、清朝の時代が始まった。

堺の港に上陸したという金魚は、江戸時代初期までの明国から日本が受けた文化享受の一断片として、激動する歴史の隙間をかいくぐって、海を渡って来たのであろう。

金魚の日本渡来年については、先に説明した「文亀二年説」のほかに、江戸時代の元和年間(一六一五〜二四)に初渡来したという「元和年間説」がある。元和年間は、江戸時代最初の慶長年間(一五九六〜一六一五)の次の十年間で、文亀二年よりは、ざっと百二十年後に当たる。元和説が正しければ、金魚の日本渡来は、文亀から一足飛びに一世紀以上を飛び越えた後年のことになる。

ただ、文亀二年から元和年間とのあいだの百二十年間、不思議なことに、金魚についての消息はプッツリ途切れてしまう。わが国へ金魚が再渡来したとか、金魚がどこかで飼育されていたとかいう資料がない。しかし、すぐあとで述べるように、江戸時代の直前に、金魚が日本に来ていたことは確かなようである。

次に、金魚渡来に関する有名な資料の一部を、年代順に並べてみよう。

「金魚昔ハ日本ニ之無（これなく）元和年中異域ヨリ来ル」貝原益軒『大和本草』（宝永六年・一七〇九、正徳五年・一七一五刊）

「金魚（は）元和年中（に）初（め）テもろこしヨリ来ル」貝原好古『和事始』（元禄十年・一六九七）

「江府各産並（びに）近在近国（では）／金魚／所々ニテ売（らる）元和年中異邦ヨリ渡ル」菊岡沾涼《せんりょう》『続江戸砂子』（享保二十年・一七三五）

「金魚ハ古（いにし）へ本邦ニナシ。元和年間異域ヨリ来ルト大和本草ニ云ヘリ」小野蘭山『本草綱目啓蒙』

「此（の元和）年間女かぶきを禁じ男かぶきとなる。金魚始て唐山より来たる」源信綱『大江戸春秋』（文化三年・一八〇六）

「ここに（金魚が）渡りきぬる事ハ『大倭本草』に昔ハ日本にこれなし元和年中異域より来

る今世に飼（う）もの多しといへり」喜多村信節《のぶよ》『嬉遊笑覧』（文政十三年〈天保元年〉・一八三〇）

「元和五年十月外船納錦魚本邦有此水虫景及始」（元和五年〈一六一九〉十月に外国船が金魚を納入する。これが本邦でこのような魚を見る最初である）源照矩『十三朝紀聞』（文久元年・一八六一）

と、こう見てくると、江戸時代の識者の大多数が、元和年間の金魚初渡来を支持していたような印象も受ける。ただし、記述の典拠は多くは不明で、どこまでが自前の主張なのかははっきりしない。伝聞を書き写しただけのような記述も多い。先行の書物の記述をそのまま、引き写した可能性も見える。

もちろん、『金魚養玩草』の安達喜之以外にも、江戸時代にも、文亀二年初渡来説の支持者はいたらしい。

たとえば宮川政運『俗事百工起源』（慶応元年・一八六五）にも、「金魚の始『東山素柳坂物語』にいふ金魚の我国に渡りしことを記したる書を見るに先朝後柏原の御時文亀壬戌の春正月呉国より是を渡して堺の津に来船せりこの時の魚は赤白黒の三種にて更紗などといふものはなし」とある。

松井博士によると、宮川のいう『東山素柳坂物語』も、安達喜之の「失侍りし書」と同様、どのような書物だったのか、今はわからなくなってしまったという。

白井光太郎博士は『日本博物学年表』（明治二十四年・一八九一、改訂増補明治四十一年・一九〇八）で、「文亀二年正月の泉州堺の浦渡来〈金魚養玩草〉説」と「元和六年（一六二〇）朝鮮より金魚渡る〈武江年表補〉説」の両論のどちらも否定せずに併記している。自説をあえて主張せずに、自然に「文亀初渡来説」に軍配を上げたようにも見える。

次章でも説明するように、江戸時代が始まる直前、または江戸時代初期までに、金魚が少なくとも長崎地方には、すでに渡来していて、「こがねうを」の名で呼ばれていた形跡がある。松井博士は『科学と趣味から見た金魚の研究』で、金魚の日本初渡来は文亀二年で、「金魚はその後、江戸期に入ってから、少なくとも数回にわたって繰り返し渡来したのであろう」と主張した。

おそらく、松井博士の主張の通り、金魚の渡来は（文亀二年が初渡来だとしても）、ただの一回だけではなく、江戸時代に入ってから、または江戸時代以前から何度も繰り返し輸入されていたのだろう。ただ、「少なくとも数回にわたって」という松井説は、むしろ控え目に過ぎるのではないか。次の節を読んでいただきたい。

わが国で江戸時代が始まったとき、中国は明朝の末期であった。明が江戸時代初期の日本に与えた文化の影響は非常に大きなものだった。

たとえば、江戸時代初期には、非常に多数の書物（漢籍）が明から続々と輸入されていた。その数は一六三〇年代から四〇年代までがピークで、明朝滅亡後の五〇年代に急減したという。和暦でいうと、寛永（二十一年間）半ばから正保、慶安年間（合わせて九年間）が、その最盛期だった。寛永は、元和（十年間）の次の代である。

こう、明国からの多数の書籍（漢籍）輸入に代表されるような文化交流の盛り上がった時代背景を考えれば、金魚の元和渡来説も、あながち、頭から否定すべきではあるまい。

平和になった江戸時代、それも鎖国令が出る前はなおさら、中国からどっと集中的に金魚が入ってきた年もあったのではないか。元和年間ならば、漢籍輸入ブームに少し先立ち、鎖国令のスタートする十数年前に当たる。大いにありそうな話である。

もっとも、人を惑わす話もなかったわけではない。観魚亭主人『金魚名類考』（寛政八年・一七九六）には「文亀二年壬戌正月左海の津へ金魚はじめて渡る。此のときは赤黒のみありて今云ふ斑魚と称するものなかりしとぞ、其後二百九年を経て天和三年癸亥の春多く渡り、二十年を経て宝永三年丙戌の年にまた多く渡る」とある。

文亀渡来説はともかく、この記述はどうしたことか、年数計算がすべて間違っている。文亀二年の二百九年後は正徳元年であって、その二十年後は享保十六年となる。天和三年は一六八三年で、文亀二年の百八十一年後に当たる。その二十年後の一七〇三年は、元禄十六年であって、宝永三年（一七〇六）ではない。

ところで、日本でのこうした金魚渡来の論争を、金魚の輸出元である中国側はどう見ているかというと、最近は一五〇二年説、つまり文亀渡日説支持が優勢のようである。

やや古いところでは、陳楨『金魚家化史与品種形成的因素（金魚が家魚となった歴史と品種形成の要因）』（一九五五）から、近年の伍恵生・傅毅遠『中国金魚図鑑』（一九八三）、王占海・史平煒『金魚及熱帯魚的飼養』、傅毅遠・伍恵生『中国金魚』、王春元『中国金魚』などまで、文亀渡日説支持派が並ぶ。ただ、それらの記述を根気よく読むと、彼らの論拠は多くが日本側の研究の引用で、中国側自身の意見は、はっきりしない。

4　舶来の「こがねうを」

十六世紀の初頭、中国から海を渡ってきたそもそもの時代、金魚は日本で、何と呼ばれていたのだろうか。

初渡来当時の文亀二年頃については、まったく資料がないが、異国から渡来した、この美しい小魚の名を記した早い記録としては、まず、室町末期の文禄四年（一五九五）に発行された『天草版羅葡日対訳辞書』という書物がある。松井佳一博士によればこの『辞書』に、金魚が「コガネウオ」の名で出てくるという。

『天草版羅葡日対訳辞書』は、ポルトガル人宣教師イルマン・ジョアン・フェルナンデスが、同国の宣教師たちの日本における布教の便宜を図るために、肥前の度島《たくしま》で著したもの。『羅葡日辞典天草版』とも呼ばれている。

その八年後、江戸時代が始まってまもない慶長八年（一六〇三）、同じような目的で日本イエズス会の宣教師たちの手で編纂出版された『長崎版日葡辞書』（原題『ポルトガル語の説明をつけた日本語辞典』）には、Qinguio（キンギヨ）の見出しと、Coganeno vuo（コガネノウヲ）という意味、ないしは別の呼称が示されている。松井博士が、「（この『長崎版日葡辞書』に）コガネはあるがコガネノウオはない」と書かれたのは、まさか「キンギヨ」という見出しがあるとは思われなかったための見落としであろうか。これらの「辞書」を見ると、当時の（長崎での？）金魚を指す日本語には、「きんぎよ」と「こがねうを」の二つの呼び名があったようにも見受けられる。

十六世紀末から十七世紀初頭の日本に来ていた外国人宣教師が、こんなにも日本語習得に熱心で、短期間のうちに辞書まで作ってしまった努力には敬服のほかはない。この二冊の辞書は、当時の日本人一般大衆の、日常のものの呼び名を収録整理した、稀な資料であるところに大きな意義があり、興味が持てる。

この両辞書に出てくる「きんぎよ」「こがねうを」という呼び名から察すると、少なくとも長崎地方の民衆は、中国渡りの金魚という生きものを、当時、すでに見聞きして、知っていた証拠にもなるのではないか。

『長崎版日葡辞書』（土井忠生・森田武・長南実編訳『邦訳日葡辞書』一九八〇）の「金魚」の解説には「魚の一種。文書語。また、全体を炙り、すっかり金箔をかぶせた魚で、時として非常に高貴な方の肴（Sacana）として出るもの」ともあって、現在の感覚では、少し戸惑うところがある。が、「あぶって食べるSacanaとしての金魚」の詮索までは、ここでは踏み込まない。当時の「金魚」には、こんな意味もあったとだけ思いたい。

『長崎版日葡辞書』から九年遅れて、江戸時代初期の慶長十七年（一六一二）に、林羅山（信勝）の『多識編』が出版された。そこにも「金魚和名古加祢宇於　銀魚志呂加祢宇於　丹魚阿加宇於」（金魚の和名はコガネウオ、銀魚はシロガネウオ、丹魚はアカウオ）と、金魚の名と和訓が記されている。

林羅山の『多識編』は、今日の百科事典のようなものだった。彼は慶長十二年（一六〇七）に、日本に輸入されたばかりの名著、李時珍『本草綱目』を長崎で入手し、書物好きだった主君徳川家康に「神君備前本」として献上した。一方で、羅山は『本草綱目』を抜き写しして和訓をつけ、原著入手の五年後、慶長十七年に『多識編』五巻本として刊行した。

ただ、林羅山が『多識編』に「金魚和名古加祢宇於」としたのが、彼の創案だったのかどうか。中国では、『本草綱目』にも出てくる、とうに通名になっていた、「金魚」という字を「こがねうを」と直訳しただけなのかもしれない。また、『多識編』より少し早く出た、先の外国人の著した二冊の辞書によれば、すでに長崎地方で「こがねうを」の名も流通していたように思える。すると、『多識編』の「こがねうを」という金魚の和訓も、林がこの地方での呼称を知っていたか、先行の日葡両辞書を参照した可能性もある。

『多識編』の五十四年後の中村之欽《しきん》（惕斎《てきさい》）『訓蒙図彙《きんもうずい》』（寛文六年・一六六六）にも「金魚」の見出しのもとに「金鱗火魚朱魚並び同今按此の魚数種今世所有者蓋金鯽也。変白者名銀魚」（〈金魚の〉金鱗、火魚、朱魚ほかの数種は、今の世にいう金鯽で、白く変わったのが銀魚）と金魚銀魚の名があるが、その翌年に刊行された、江戸時代の百科事典の名著とされる源順の『和名類聚鈔《わみょうるいじゅしょう》』（元和三年・一六一七校了。寛文七年・一六六七刊行）には、金魚のことは何も書かれていない。

長崎や上方《かみがた》ではともかく、開府してまもない江戸で、金魚の飼育や知識が一般に広まっていなかったのは当然だっただろう。もっとも、江戸で金魚の飼育が流行しはじめる元禄時代が始まったのは、『訓蒙図彙』出版の二十年ほど後でしかない。

江戸時代が始まってまもない慶長十八年（一六一三）、長崎、平戸にイギリス商館が建てられた。その初代館長だったリチャード・コックスは『平戸英国商館日記』（皆川三郎対訳）を書き残していて、ここにも、金魚の話が出てくる。コックスは平戸の英国商館で中国渡りの金魚を飼っていて、藩主松浦侯と藩主舎弟に「その金魚をゆずってくれ」とねだられて困っていた。

翻訳者の皆川三郎によれば、コックスにはフロイスのような文才はなかったが、筆まめに記録を残した。コックスは、江戸時代初期の日本人の性格を「珍しがりで、見栄ぼうで、品質もろくに吟味しないで値段の高い物に飛びつき、外国人の真似をしたがる」と、鋭く見て

図11　『訓蒙図彙』金魚の異名として金鱗・火魚・朱魚……などの記載が見える

いる。対訳書の原文にはミススペルもあり、文法的に完成した文章でない個所もあるが、コックスは元来裕福な商人であったから、教養と常識もわきまえていたであろう。

　そのコックスの『日記』に、「金魚の話」が少なくとも二回出てくる。最初は一六一六（元和二）年四月七日、「主殿様（Tonomon Samme）（領主松浦隆信の弟、松浦源四郎信辰）が、私の金魚のことを知って、それをもらいたいと使いをよこしたので、送ってやると大きな黒犬をくれた」というもので、他は同年の六月十九日、「平戸藩主（The King of Firado）が私に金魚を二ひきくれといって使いをよこした。金魚は支那人カピタンの弟からもらったもので、藩主にやりたくはなかったが、前に藩主の弟に金魚をやった関係でやむなく手放した」(いずれも皆川訳)。

コックスがたいせつな金魚をしぶしぶゆずった様子からは、広い世界を知っていたイギリス人商館長にも、金魚がまだ、珍しい貴重なものだったことが窺われる。コックスがこの金魚を中国人からゆずり受けているように、こうして、日本に来る外国船には、南中国の港とか中国人船員と関わって、金魚を入手する機会があったのだろう。

コックスが、その金魚を自室の机上に置いたガラス器で飼ったのか、それとも陶鉢や庭の池で飼ったのかはわからないが、あかず眺めて楽しんでいた情景が眼に浮かぶようである。

一六一六年は和暦の元和二年で、日本ではびいどろの金魚鉢も普及する前の時代である。十七世紀のイギリスの日記作家、サムエル・ピープスがその日記に「(たぶんロンドンの)知人の居間で、小さなガラス器に小さな珍しい魚が飼われているのを見た」と書いたのが、一六六五年であった。その魚は金魚ではなく、東南アジアのパラダイスフィッシュだったらしい。

興味深いことに、コックスは金魚をゴールドフィッシュとは書かず、二ひきのゴールデン・フィッシュ(原文は 2 golden fishes)と書いている。

イギリスやカナダでは、現在も金色光沢の強い野生の「フナ」を、ゴールデン・フィッシュ、ゴールデン・クルーシャン・カープなどと呼んでいる。クルーシャン・カープは、「フナ」の英名である。金魚は、現在はゴールドフィッシュと呼ばれるのがふつうである。十七世紀の欧米諸国では、金魚の呼び名もまだ、固まっていなかったのであろう。あるいは「フナ」と区別されていなかったのか。

それもそのはずで、中国から欧米に金魚が渡ったのは、日本への渡来よりもずっと遅かった。その中では、オランダが最も早く、オランダへの金魚の初渡来は、一六一一年、一六九一年、一七〇二年、一七二八年と諸説があり、そのうちで最も早い一六一一年は、わが国の慶長十六年に当たる。コックスの日記とも、ほぼ同時期である。

金魚飼育はコックス個人の趣味だったのかもしれないが、コックスが楽しみのために中国から日本へ金魚を運ばせたのだったら、このオリエンタル・エキゾチシズムに満ちた魚を、イギリス本国へも運ぼうとしたことはあったのではないか。オランダ船のカピタンや商館員も、同様だったかもしれない。

金魚は丈夫な魚だから、小容器に入れて船で運べる。赤道直下を通るとき、容器の水温が上がるのだけを何とかすれば、わりと長期間の船上での飼育や輸送に、たいして苦心することはなかったはずである。当時のヨーロッパの帆船の航海力から考えれば、それらの航送能力が飛躍的に向上したとされる一七〇〇年頃を、金魚のヨーロッパ初渡来期と見るのが無難ではあるまいか。

日本語の「こがねうを」も、英語の「ゴールドフィッシュ」も、本家の中国語の「金魚」

の直訳に違いない。

とにかく、江戸時代の初期、金魚は「きんぎよ」とも「こがねうを」とも呼ばれて、日本人との付き合いが始まった。ところが、なぜか「こがねうを」という和訓の呼び名は、わりと早い時期に失われて、金魚はいつのまにか「きんぎよ」と音読みされるようになっていた。金魚の飼育が江戸や上方の町方一般での流行になった時分、文芸に現れた金魚の呼び名は、ほとんど「きんぎよ」である。

もともと「金魚」という名は、むしろ「金色の魚」または「黄金で作製した魚（のつくりもの）」という意味の方が強かった。

南方熊楠は、一九二七年、『彗星』という雑誌の『金魚』という短文で、「『金魚袋』は『金の魚袋』であって『金魚の袋』ではない。『関中に金魚神あり』『金人・金魚をもって東流する水流に投じ』『多く金魚あり、無量の宝珠、魚身を荘厳す』など、金魚（という語）には、金魚（という魚の名）以外にも、いろんな用法がある」と、古い中国書の引用を並べて見せた。金魚の異名に「赤鱗魚」「硃砂魚」「金鯽」などが使われていたとも書いている。その他「朱魚」「朱鱗魚」「錦魚」などの用法もあった。

金魚は基本的に赤い魚である。わが国でも、金魚を「赤いべべ着たかわいい金魚」と見ていたのに、「赤（い）魚」という呼び名は、全然普及しなかった。金魚渡来の最初から、日本の金魚は「黄金《こがね》の魚」だった。

中国でも、明代の『本草綱目』あたりからは、「金魚」と呼ぶのが一般になった。向こうでもこちらでも「赤魚」でなく、「金魚」になったのはなぜだろう。

中国では、この本の第六章でも書いたように、「金魚（チンユイ）」は「金餘（チンユイ）」と同音で、蓄財につながる縁起のいい魚名とされていたという。その辺、日本ではどうだったのだろうか。中国の呼び名をそのまま借用し、あるいは和訓をつけただけだったのかもしれないが、その話は後の章に送ろう。

話がまた横道にそれたが、このように、江戸時代以前にはもう、西日本では金魚の姿がチラホラしていて、中国での呼称と同義の「こがねうを」とか「きんぎよ」という呼び名もあったとすると、金魚の日本初渡来が江戸時代の元和期とは、思いにくい。

もう一つ、我が国で古くから飼われていた「ぢきん（地金）」という金魚がある。中国からの渡来品種ではなく、日本で作出された金魚だという。金魚の基本的な体形と、「ぢきん」だけの特殊な形質を併せ持ち、この金魚は江戸時代初期の慶長期には、尾張藩で飼育されていたというのである。

「ぢきん」が、ふつうの金魚から、（日本で）品種として固定されるまでには、相当に長い年数が必要なはずである。かれこれ思い合わせると、金魚の日本初渡来を元和年間とする説は、やっぱり、旗色が悪い。

金魚はたぶん、江戸が開かれる前に日本に渡来し、長崎や堺の港に、小さなインベーダーみたいに少数ずつ、ひそやかに上陸していたのだろう。その名も「こがねうを」とか「きんぎよ」と呼ばれて、江戸時代初頭には、長崎を中心とする九州西北部や、堺から京坂地方にだんだんと入っていったのに違いない。限られた地方で知る人ぞ知る、一部の人たちのひそかな専有物でもあったのではないか。

そんな金魚が、江戸時代が進むにつれて、庶民のあいだに浸透して、江戸で金魚の飼育が大流行するようになった。そのうち、ぜいたく禁制の槍玉に挙げられて、罪人のように江戸から放逐されたりするまで、百年もかからなかった。

江戸の日本人はなぜ、金魚をそんなに気に入ってしまったのだろうか。

第三章　江戸の町を金魚が行く

1　金魚の光しんちう屋

金魚が日本に渡ってきたのが、文亀二年（一五〇二）であるとして、それから江戸時代が始まる慶長八年（一六〇三）まで百一年がたつ。およそ一世紀ものあいだ、どんな金魚が、日本のどこで、どんな人々によって、どんなふうに飼われていたのだろうか。

前章でもふれた端切れのような手掛かりをつなぎ合わせて考えると、金魚は江戸時代初期、またはそれ以前までに、長崎や堺など、明国と通商関係のあった港町に、南中国から少しずつ断続して入ってきていたのだろう。そこから、財力があり、行動半径も交友関係も広かった豪商や大名などの手から手に渡って、政治と文化の先進地だった京上方（京坂地方）に広がって行ったのではあるまいか。

江戸時代に先立つ、戦争に明け暮れていた戦国時代には、武士階級にも一般大衆にも、金魚を飼うほどのゆとりは物心両面でなかったはずである。江戸の町が成立してからも、しばらくは、金魚の飼育と観賞は、一部の富裕階級のぜいたくな楽しみだったはずである。しかし、江戸が消費都市としての発展を始めると、一般庶民にも金魚ぐらいは飼って楽しめる、経済的な余剰のある消費社会が形成されるまでに、そんなに長くはかからなかった。

江戸時代初期の頃には、金魚にもまだ、品種といえるほどの形質は固まっていなかった。金魚の最も基本的な品種は「わきん」だから、日本の金魚も、「わきん」から始まったように簡単にいわれているが、当時の金魚の絵や図を見ると、はっきり「わきん」とはいえない、いろんなスタイルの金魚がいたようである。たぶん、まだ「わきん」の品種としての固定は不十分だったように思える。

江戸時代の文芸に金魚が登場する最も古い場面は、俳諧、芝居の台本、それから読本《よみほん》（小説）などである。俳諧でいうと、寛文七年（一六六七）刊行の『新続犬筑波集』に、万治三年（一六六〇）吟の、

「をどれるや狂言金魚秋の水」

が、金魚を詠んだ最も初期の句として残されている。

江戸時代も中期に近づくと、文芸、絵画、そのほかに、にわかに金魚についての資料が増えてくる。江戸時代の人々が、金魚をどう見ていたのか、少しつついてみると、これがなかなか興味深い。

まず、金魚は赤い色の多い派手な衣装を着てくらす遊女にたとえられた。

大坂道頓堀の人形浄瑠璃、竹本座の座付き作者だった近松門左衛門は、正本『遊君三世相』（貞享三年・一六八六）で「此池の魚見せたし、あれあれ鮒もあり鯉もあり金魚銀魚の鰭ふるていエ、見せたし見せたし」と書き、浮世草子『好色四季はなし』（貞享四年・一六八七）にも「鹿子揃の衣裳川浪に移ろひ鯉鮒目におとろきて自然と金魚桜魚の如し」とある。

そして、貞享・元禄時代（一六八四〜一七〇四）の流行作家だった井原西鶴（一六四二〜九三）は、よほど金魚が好きだったのか、それとも当時の金魚の大流行に迎合したのか、作品にたびたび金魚を登場させている。井原西鶴も、やはり上方の人だった。

西鶴は『好色盛衰記』（貞享五年・一六八八）に「又の日は金魚を生舟にあつめ狂言をさせけるが」と書き、『浮世栄花一代男』（元禄六年・一六九三）には「金魚銀魚はすいがきに遊び、是目前の極楽、町人長者の栄花」と、いずれも金魚を小道具に使って、金魚を飼って眺めて楽しむ、江戸、大坂の大尽たちのぜいたくな生活ぶりを書き残している。

先の『新続犬筑波集』の「をどれるや狂言金魚秋の水」とか、『好色盛衰記』の「金魚を生舟にあつめ狂言させ」とか、すぐあとで紹介する『西鶴置土産』の目録（目次）にも「金魚が狂言もふるし」とあるように、「狂言金魚」が見せ物になり、金魚が尾を振って泳ぐ様子を狂言の所作になぞらえる流行もあったのではないか。

つまり、金魚は江戸時代初期にはもう、珍しくて美しい観賞魚としてだけではなく、愛らしい所作をして見せるペットとしても、人気の対象になっていたことが察せられる。

なかでも、井原西鶴『西くはくをきみやげ（西鶴置土産）』巻二（元禄六年・一六九三）の一節は、江戸時代の早期、第一期江戸文化のピークといわれた元禄時代の江戸で、金魚がどんなふうに飼われ、金魚に対する人々の関心がどうだったかを、チラリと覗かせてくれる。

『西鶴置土産』巻二の二「人には棒振むし同前におもはれ」に、

「黒門より池のはたをあゆむに、しんちう屋の市右衛門とて、かくれもなき金魚、銀魚を売《うる》ものあり。庭には生舟《いけぶね》七八十もならべて、溜水清く、浮藻をくれなゐくゞりて、三つ尾はたらき詠《ながめ》なり。中にも尺にあまりて鱗の照《てり》たるを、金子五両、七両に買《かい》もとめてゆくをみて「また遠国にない事なり。是なん大名の若子《わこ》様の御なぐさびに成《なる》ぞかし。なに事も見た事なくては、咄《はなし》にも成がたし。兎角《とかく》人のこゝろも武蔵野なれば広し」と沙汰する所へ、田夫なる男の、ちひさき手玉のすくひ網に小桶を持添《もちそえ》、此宿にきたりぬ。「何ぞ」とみれば、棒ふり虫、是金魚のゐばみなるが、一日仕事に取《とり》あつめて、やう〳〵銭《ぜに》二十五もんに売《うり》て、「又明日もつてまいるべし」と……」

と、ここで見逃せないのは、まず、（上野の）「黒門より池のはた」へ向かう道端に「しんちう屋」という金魚屋があって、生け舟を七、八十個も並べて「溜水清く、浮藻をくれなゐくゞ」る金魚を売っていたと書かれているところである。

「生舟」といっても、池の水面に浮かべていたとばかりは思えない。「庭には」ともあるところから、地面に置かれた浅い角箱だったのかもしれない。ともかく「かくれもなき」というからには、当時不忍池畔の「しんちう屋」といえば、江戸では、相当有名な金魚屋だったのであろう。しかも、「生舟七八十もならべて」とは、もし、これが実景ならば、江戸時代初期でなくても、なかなかの規模の店である。

西鶴の話からはちょっと外れるが、『俳諧住吉おとけ』（元禄九年・一六九六）に「ちうちうとたま子のかへる金魚舟」の句がある。

この頃の金魚屋は、「生舟」とか「金魚舟」とか呼ばれた、池に浮かべ、あるいは地上に置かれた木製の浅い生けすで金魚を飼っていたのだろう。

それで少し手間をかけ、たとえば水藻を中へ入れてやれば、冬は多少あたたかく、産卵期の春には藻にたくさんの卵を産みつけて、子もひとりでに増えたはずだ。金魚は、まったく、丈夫で飼いやすい魚である。

金魚が「浮藻をくれなゐくゞりて」とは、もちろん、平安時代の『古今和歌集』の在原業平「ちはやぶる神代もきかず竜田川からくれなゐに水くくるとは」のもじりで、赤い金魚が美しく水中を泳ぐ様子をいったもの。まぶしく反射する水面を透かして、人々が赤い金魚を眺める情景が連想される。

不忍池の水辺といっても、元禄期（一六八八～一七〇四）はさすがに水もきれいだったはずで、でも、ハスが生い茂って、水藻が生えていた。ただ、金魚屋の販売用の生け舟に浮き藻をたくさん入れて、金魚が藻隠れに泳いでいるという描写は、リアリティに欠ける気がする。浅い木製の生け舟はきれいにして、売りものの金魚を見やすくするものであるから、そこに水藻が入れてあったという表現は気にかかる。あるいは、金魚の産卵期に当たる春から初夏にかけて、産卵用の生け舟でもあったのか。

西鶴はただ、文章を修飾しただけなのだろうか。池の中と生け舟の様子とを混同したのか。それとも、西鶴は実際に金魚屋へ来て、生け舟を覗いてみたのだろうか。

『西鶴置土産』より六年前の『江戸鹿の子』（貞享四年・一六八七）にも、また四年前に出た『江戸惣鹿の子』（元禄二年・一六八九）にも、「しんちう屋」の名が出てくる。ただし、「金魚屋下谷池之端しんちう屋重右衛門」と、あるじの名は違っている。

もう少しさかのぼると、『俳諧向之岡』（延宝八年・一六八〇）に「納涼」と題がついた、

「影涼し金魚の光しんちう屋」

の句があって、「延宝年中より名高き金魚商人なりし事、此の句にて知らる」と注釈もつけられている。この注釈がいつ、だれにつけられたかは、残念ながらわからない。

これよりもさらにまた、数年さかのぼった延宝二年（一六七四）の俳諧『桜川』には、

「酒ならでいづみやかへつて金魚舟」

がある。

「いづみや」という屋号の金魚屋については、知るところがないが、それが「和泉屋」の意味ならば、上方（泉州）出身の金魚屋だったか、（江戸の店ではなく）先進の上方在の金魚屋の名なのかもしれない。『俳諧向之岡』の「金魚の光しんちう屋」の、さらに六年前の句である。

江戸時代、不忍池から流れ出ていた忍川には、橋が三つ並んでかかって、三橋《さんばし》と呼ばれていた。三橋のたもとから上野広小路が始まり、将軍の上野寛永寺参詣の道筋にもなっていた。

寛文十一年（一六七一）に作られた絵図の『寛文図』には、不忍池畔に「ウエキヤ（植木屋）」の書き込みがある。しかし、金魚屋を思わせるような手掛かりは、何もない。

寛文七年（一六六七）の『新続犬筑波集』には、万治三年（一六六〇）吟とされる「をどれるや狂言金魚秋の水」があるので、すでに金魚屋が江戸にあったはずだが、寛文の頃にはまだ、上野不忍池畔に金魚屋はできていなかったのか。

しかし、「真鍮屋《しんちゆう》」という屋号の金魚屋が、十七世紀の江戸、少なくとも延宝から元禄まで（一六七三〜一七〇四）の三十数年間は、不忍池畔に実在していたのは確かなことと思われる。

『西鶴置土産』には、大きさ一尺（約三〇センチ）もある、ただの三つ尾の金魚が、五両から七両もしていたと書かれ、おまけに、そんな（ぜいたくなことをしている）のは、江戸だけで、遠国（地方）ではあり得ないと書き加えているのも面白い。

三つ尾で大きさ一尺もの金魚といえば、今でいう「わきん」でしかあるまい。ただ、これまで、中国から入った初期の金魚は、すべて「わきん」で片付けられていたが、それには疑問がある。前にも書いたように、元禄期あたりには、まだ「わきん」という品種は固定されていなかったのではないか。このことはまた、あとでも書くが、この時代には金魚自体が高価で、ましてや三〇センチもある大物は「大名の若様の慰みもの」にされるだけだった。『和漢三才図会』（正徳二年・一七一二）の金魚の解説には「最大者一尺、価貴」（大なるは三〇センチ強、高価である）とあるので、この大きさの金魚も売買されていたのだろう。あながち、小説家の誇張とも決めつけられない。金魚はまだ、大きさだけが価値判断の基準だったのかもしれない。

『西鶴置土産』には、金魚のえさに「棒ふり虫」が使われ、それを一日がかりで採集して、わずか二十五文で金魚屋に売る、零細な職業が成立していたという記述も、すごく面白い。「棒ふり虫」は「ボウフラ」のことだが、カの幼虫の黒い「ボウフラ」だったのか、ユスリカの幼虫の赤い「アカムシ」だったのかは、はっきりしない。イトミミズだったかもしれない。しかし、高級金魚のえさというのなら、ユスリカの子のアカムシだったと思いたい。同時代の『本朝食鑑』の金魚の説明に「孑孑虫を餌にし、その虫は赤いものを上とし、黒いのはこれに次ぐ」とあるからだ。

「孑孑虫《けつけつむし》」とは、ボウフラの総称である。アカムシは金魚の色揚げにもいいし、えさとして価値が高い。江戸時代からそういわれてきた。

「しんちう屋」という屋号の由来は、もちろん、「金」と「真鍮」の比較にかけたシャレだろう。第一章の「金魚ほどきれいではないから鉄魚」という名の由来にも通じる。

南方熊楠も、『西鶴置土産』のこの話にひっかけて、小論文『金魚』に「金に似た色の真鍮もて屋号としたのだろう。……としたりげに書いてきて前文をみると、真鍮屋はもと煙管を売った縁でつけた号という考証を出しある《ママ》」と書いた。

さらに『小児と魔除』で、「小金虫《こがねむし》はぜいたく虫ゆゑ今後しんちう虫と唱ふべし。金魚も同じなれども銀魚は苦しからず」（金魚という名もぜいたくだから使用してはいけないが、銀魚ならばよろしい）と、当時の幕府の奢侈禁止令に反抗した、元禄時代の江戸の落書きを紹介している。

よく知られているように、井原西鶴は上方の人で、『西鶴置土産』も大坂で刊行されている。西鶴が書く江戸や東海道の話は、作者自身の実見談や実体験にもとづいたのかどうか、疑わしい場合もあるという。

正宗敦夫のように「西鶴は江戸へは行つた事が有るので有らうか、東海道は大体に於て見聞によつた物で有るらしい。……案外記述が荒いから大阪近辺から余り離れなかつたかも知れぬ。」（『日本古典全集第二回西鶴全集第九』・一九二八）と、その文章の信憑性を、きびしく追及した人もいる。

不忍池の金魚屋に関するかぎり、筆者もまた、同じような疑問を感じる。

西鶴は本当に、上野の不忍池に来たことがあったのだろうか。「しんちう屋」を見たのだろうか。『置土産』より六年早く出た『江戸鹿の子』や、四年前に出た『江戸惣鹿の子』に記された「しんちう屋」の名を、ただ、引用しただけではなかっただろうか。

もっとも、西鶴は延宝四年（一六七六）に江戸へ下っているので、せめて、このとき、不忍池畔へ来て江戸では高名な「しんちう屋」を見たぐらいのことはあったと思いたい。『西鶴置土産』は、創作である。小説（作り話）に書かれた内容を詮索して、ことの真偽や誤りを咎めるのは筋違いかもしれない。かといって、他にまったく資料もないので、ここは小説の記述にすがるのもやむを得ない。

西鶴のいう「黒門より池のはた」は、現在の元黒門町から池之端仲町へ、不忍池の南岸に沿う道筋をいう。今は不忍通りに沿った小公園になっているあたりである。

そして「しんちう屋」の位置は、不忍池の南東部、現在の下町風俗資料館のある辺りだったのではないか。下町風俗資料館から、現在の池之端にかけての池畔をいくら歩いても、もちろん、三百年昔の江戸の風情は、どこにもない。真鍮屋の所在は謎である。

2　江戸時代を生きた金魚

昭和初年、松井佳一博士は、日本の金魚を総括して二十三種類とした。現在の日本に何種類の金魚がいるか、はっきりしないが、三十五、六種類ではないか。

昭和三十年代以降、「水泡眼」「珍珠鱗」「蛋魚」「紅頭」などを筆頭とする「新中国金魚」が入って来はじめて、それらの「新中国金魚」と在来金魚とを交配して作出した新品種も加わるようになってから、日本の金魚の範囲はわかりにくくなった。今はもう「日本金魚」とは何かと、国粋主義みたいなことをいう時代ではなくなったのかもしれない。

江戸時代の金魚の品種はずっと少なくて、「わきん」「りうきん」「らんちう」「おほさからんちう」「なんきん」「ぢきん」「とさきん」「をらんだししがしら」「わとうない」「はなふさ」「つがるにしき」「やまがたきんぎよ」と、合計十二種ほどにすぎない。

「やまとにしき」というのもあった。でも、この金魚は、藤田経信『編年水産十九世紀史』に「蘭鋳と尾長、即ち琉錦との雑種大和錦出現す。これ後世の和蘭陀獅子頭なり」とあるように、「をらんだししがしら」の異名ではないかと思われる。

現在のように流通システムの発達した時代と違って、江戸時代の金魚にも、江戸以外の諸地方で成立し、それぞれに大切に飼われていた金魚があった。したがって、厳密に江戸の

（町の）金魚といえるのは、せいぜい「わきん」と「らんちう」に加えて、幕末が近付いた文化文政期（一八〇四〜三〇）頃に江戸に入った「りうきん」「をらんだししがしら」「わとうない」を合わせて全部で五種ぐらいだったろう。

「わきん」や「りうきん」といっても、品種の特徴がまだ固まっていなかったし、「らんちう」の背には、背びれの一部が小さなコブになって残ったのが一般に見られた。江戸時代の「らんちう」は、ほとんど、頭部が獅子頭でない「おほさからんちう」や「なんきん」のタイプであって、幕末近くなって「ししがしららんちう」が、新しく加わった。

「ぢきん」「つがるにしき」「とさきん」「はなふさ」「わとうない」は、江戸期の日本で飼われた金魚ではあるが、地方特産の金魚であって、江戸で一般に飼われていた可能性は薄い。少なくとも、江戸の一般の人たちは、そんな金魚がいたとも知らなかっただろう。したがって、それらは「江戸の町の金魚ではないが、江戸時代の金魚」として、簡単にふれておくだけにする。

現今のその他の金魚は、すべて明治以降に輸入されたり、新しく作り出されたものである。あの有名な「でめきん」でさえ、明治二十二年（一八八九）に初めて中国から輸入されたのだし、「でめきん」に似て、もっと奇抜な姿の「ちやうてんがん」（頂天眼）は、明治三十六年（一九〇三）の初渡来であった。

ここでは、江戸時代の金魚について、少しくわしい解説をしておこう。

「わきん（和金）」

「わきん」は、もちろん「和金魚（日本の金魚）」の意味である。金魚のうちでは最も普通の種類で、中国から初めて日本に渡来した金魚も、この「わきん」だったというのが通説である。「わきん」も、もとは中国渡来の金魚であったはずだから、「和金魚」というネーミングの由来はちとおかしいが、「最も古くから日本にいる金魚」には違いない。

もっとも、最初から「わきん」と呼ばれていたのではなく、江戸時代初期から中期、金魚は、ただ「こがねうを」または「きんぎよ」と呼ばれていた。「きんぎよ」という呼び名は、そのまま「わきん」の意味でもあったのだろう。「やまと」という別名もあったが、この呼び名は、いつのまにかすたれて消えた。

「わきん」という名が文字に現れる、最も古い資料は蔵六庵『金魚飼様』（文化七年・一八一〇）のようで、江戸時代も後期になってからである。

『海録』（山崎美成、文政三年・一八二〇から天保八年・一八三七）には、「金魚にして尾の形鯽魚に似たるを金鯽魚と云所謂今の和金魚也。其時の金魚は赤白黒の三種にして更紗などという者はなし」とあり、『俗事百工起源』にも、「いわゆる今の和金魚なり」とある。

「わきん」がいつから「和金魚・わきん」と呼ばれるようになったのかは、はっきりしない。おそらく、江戸末期近くになるまで、一般には、ただ「きんぎよ」と呼ばれていたのだろう。「らんちう」「てうせんきんぎよ」を除けば「江戸の金魚」は、そのまま「わきん」と同義で、幕末に近くなってようやく、「わきん」以外の金魚の種類も普及し、呼び分けて区別しなければならなくなったのかもしれない。「わきん」という呼び名は、江戸時代後期の十九世紀に入ってから、ようやく世間に広まったのではないかと思われる。

『東都歳事記』（斎藤月岑、天保九年・一八三八）には「四月晦日　当月より、金魚・ひごひ・麦魚《めだか》等街を売りあるく。金魚にわきん・らんちう・三つ尾・ふな尾（小なるはいづれもくろし）・さらさ（まだらをいふ）数品あり。所々金魚屋数種を育す」とある。今日の目で見ると、この金魚の品種の分け方は少々おかしいが、この頃はまだ、金魚の品種についてのはっきりした共通の知識が、成立していなかった可能性もある。

「わきん」の特徴は、体が長く、ひれが短く、形は金魚のうちで最も「フナ」に似て、まだ見ぬ金魚の原種に最も近い体形をした金魚と考えられてきた。江戸時代以来、尾びれはフナ尾、三つ尾、四つ尾、さくら尾、五つ尾、七つ尾などと変化がある。フナ尾を二つ尾、サバ尾と呼んで、むしろ、珍しがった形跡もある。しりびれは「フナ」と同じ一枚のと、左右二枚が一対になった「金魚のしりびれ」をしたのとがある。

幼時はフナ色（鉄色）をしているのが、孵化後五十日ほどたつと、黒みが薄らいで、まず淡い橙黄色となる。『東都歳事記』に「小なるはいづれもくろし」とあるのは、このことを指している。さらに成長につれて赤みが濃くなる。年取った「わきん」は赤みが薄れ、白っぽくなっていく傾向がある。体色は赤、白と更紗がほとんどである。

日本で最も古い金魚の図は、江戸中期の寛延・宝暦年間（一七四八〜六四）に描かれたもので、その金魚はほとんど「わきん」のようである。江戸時代の浮世絵にも「わきん」が多く描かれている。

図12　歌麿「硝子玉の金魚・ゑひや内松山立花」

喜多川歌麿の錦絵「硝子玉の金魚・ゑひや内松山立花」（十八世紀後半）に描かれた松山

と立花二人の遊女の一人が手に下げているびいどろの金魚玉の金魚は、「わきん」と思われる。

「らんちう（卵虫、蘭鋳、金鋳）」

なぜ「らんちう」というのかは、よくわからない。「卵虫」「蘭鋳」と当てるのはともかく、「金鋳」と書いて「らんちう」と読ませるのは、強引である。「鋳」の代わりに「鑄」というウソ字を使う例もある。「まるつこ」「てうせんきんぎよ」などの呼び名もあった。

体形は短く丸い。背びれがなく、その他のひれは短い。尾びれは三つ尾や四つ尾がふつうで、二つ尾の「らんちう」というのはない。しりびれは二枚である。

いつから日本で飼い始められたのか、はっきりしないが、江戸時代の絵画に「わきん」と並んで、最もよく見る金魚である。

江戸中期には、背びれのない金魚の「らんちう」は、かなりよく知られて、とくに上方で人気があった。もっとも、初期の「らんちう」は、獅子頭ではなかった。

ただ、「てうせんきんぎよ」と「らんちう」の異同はよくわからない。日本最初の金魚飼育手引き書の『金魚養玩草』には、典型的なしりびれ二枚の「わきん」の図があり、「らんちう（卵虫）」の名がある。この本の後編というべき『金魚秘訣録』（寛延元年・一七四八）には「朝鮮金魚」の名が見える。説明を読むと、挿図は「『只《ただ》の金魚』と『朝鮮金魚』の落とし子」で、「らんちう」のように背びれがなくて、体は「らんちう」よりも細長い。すると、その片親の「朝鮮金魚」とは、「らんちう」のことだったとしか思えない。朝鮮から渡った金魚の意味だという解釈もあるが、通常の「和金魚」に対応させて、多少変わった形の金魚を、こう呼んだのかもしれない。

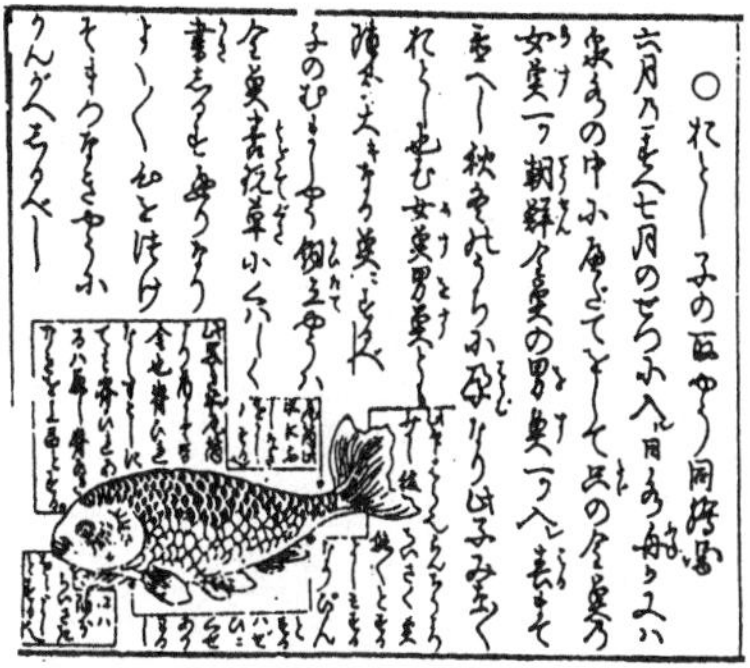

図13 『金魚秘訣録』の「只の金魚」と「てうせんきんぎよ（朝鮮金魚）」の落とし子

藤田経信『編年水産十九世紀史』に「蘭鋳は天明年間（一七八五年頃）世に賞玩せらるるに至りしなり」とある。

『嬉遊笑覧』には「らんちう又丸子など呼ものあり」、喜多川守貞『守貞漫稿』（天保八年・一八三七）に「京坂コレヲ蘭虫ト云ランチウト訓ス江人コレヲ丸子ト云マルッコト訓ス」などとある。『守貞漫稿』（復刻の『類聚近世風俗志』明治四十一年・一九〇八）に「腹大にして形鞠に似たる故に名とす又まるつ子と云は江人訛也」とある一方で「大腹に非ずして尾大の者を三都ともに朝鮮と云」「丸つ子朝鮮等貴価の者は三五両」などともある。

「腹が大きく形がマリに似たまるっ子」はとも

図14　『絵本草錦』のてうせんきんぎよ（朝鮮金魚）

かく、「腹が大きくなくて尾が大きい」という「朝鮮」は、明らかに「らんちう」ではあるまい。「江人」は、江戸人のことである。

明和の頃の『絵本草錦』にも「朝鮮金魚」の図がある。ところが、この金魚には背びれがあって、各ひれは短く、腹が大きく、しりびれは二枚ある。これも明らかに「らんちう」ではあるまい。「わきん」でも、「りうきん」でもあるまい。

要するに「朝鮮金魚」の名は、混乱して使われていたらしい。

江戸時代には、「らんちう」と呼ばれる金魚に三つのタイプがあった。

第一が「おほさからんちう（大坂卵虫）」で、体全体が小判形で頭が大きく、胴は太短くて後方が細い。ひれも短く、尾びれは三つ尾または四つ尾。頭にコブがない。「らんちう」の原形に近いもので、大坂を中心に、上方およびそれ以西の中国、四国、北九州地方で古くから飼われていた。

江戸時代中期以降の浮世絵に描かれた「らんちう」は、もっぱら、獅子頭のない「おほさからんちう」である。金魚の描かれた浮世絵のうちでは古い方の宝暦年代（一七五一～六四）の作品にも、「わきん」とともに、獅子頭のない「らんちう」が描かれているのがある。年代不明の鳥高斎栄昌《ちょうこうさいえいしょう》の錦絵「廓中美人競・角玉屋若紫」の、若紫が手にさげた金魚玉のも、「おほさからんちう」のようである。

『絵本家賀御伽』（宝暦二年・一七五二）の「天満天神金魚屋」に「千早振る神のあたりに卵虫のからくれなゐが水くぐるかな」とある狂歌の「卵虫」も、獅子頭のない「おほさからんちう」だったはずである。

二番目の「らんちう」は「ししがしららんちう」で、今日一般に「らんちう」といえば、獅子頭のあるこの金魚ばかりになったが、その歴史は古くはない。

東京国立博物館所蔵の栗本丹洲の『博物館魚譜』には、頭部に獅子頭のないのとあるのと、両方の「らんちう」が、みごとに描かれている。金箔銀箔をふんだんに使って、金魚のウロコの「照り」を表現し、重厚に美しい極彩色の魚に仕上げられている。

解説に「金鱉又名金鱗魚、又呼蛋魚和名ランチウ又ダンチウ」とあり、獅子頭のある方には「全俗称獅子頭」と添え書きがある。獅子頭は小さく、当時はまだ未発達だったことを窺わせる。しかも、栗本丹洲のこの図には、背びれの一部が小さなコブになって残っている個体も描かれて、「一分ヒレ」と断りも書かれている。

この絵図は、幕末になってようやく、獅子頭のある「らんちう」が現れたこと、一方で「らんちう」の背びれの欠如性の固定がまだ不十分だった事情を窺わせる。実際、江戸時代では、背びれの名残である小さなコブが背にある「らんちう」が、ふつうに見られたのだろう。

栗本丹洲といえば、天明五年（一七八五）の奥医師見習に始まり、天保五年（一八三四）、逝去の前年まで幕府の高級医官だった。本草学者でもあり、文政九年（一八二六）に江戸でフォン・シーボルトに会って、自筆の甲殻類図譜などを進呈したほどの、熟練の写生絵師でもあった。『江戸博物学集成』（平凡社、一九九四）には、栗本丹洲描く六ぴきの「らんちう」が、金箔張りの様子もみごとなカラー図版で再録されている。

このような頭に獅子頭のある「らんちう」が、江戸時代のいつごろから飼い始められていたのかははっきりしないが、『萬芸間似合袋』（明和元年・一七六四）に「金魚・獅子頭・かしらししに似たり神楽頭をふる」とあるので、この辺りが最も古い記録のようである。

獅子頭を発達させた「らんちう」は、江戸時代には、とくに上方で愛玩されていた。天保二年（一八三一）以降、大坂で毎年、金魚会（らんちうの品評会）が開かれていた。

図16　栗本丹洲『博物館魚譜』の「らんちう」。背びれのあとが小さいコブになった個体（下）も描かれている

図15　栄昌「廓中美人競・角玉屋若紫」　金魚玉の中には「おほさからんちう」

文久二年（一八六二）印刷の「浪花錦魚会見立鑑」と銘打った「らんちう」品評会の番付表（一八二ページ）は有名である。ただ、玄人のあいだで人気のあった「獅子頭らんちう」も、庶民のあいだではたいして評判にもならなかったのだろうか、それとも手が出ないほど高価で敬遠されたのだろうか、「獅子頭らんちう」を描いた錦絵は、多くはなかったようである。

三番目の「らんちう」は、「なんきん（いづもなんきん）」と呼ばれ、江戸時代から出雲地方で飼育されていた。頭が小さくて獅子頭ではなく、体の後方がふくらんで、全体が卵形をしている。背びれもなくて、他のひれが短く、「まるつこ」や「おほさからんちう」との共通点はあるが、全体の印象は違う。この金魚が、江戸で飼われていたかどうかは、はっきりしない。

図17　高木春山『本草図説』の「ししがしららんちう」

「りうきん（琉金）」

「りうきん」は「らんちう」とは対照的な姿の金魚で、長いひれをゆったり振って泳ぐ様子は優美である。顔つきも愛らしい。びいどろの金魚鉢に入れて、四方から眺めるのに最も適した金魚である。「わきん」とともに、日本人に最も好まれ、最も普及している。

「ハイ琉金で御座りましてね。尾がふっさりと致して、体よりは二つがけ程も、尾の方が長う御座いますね」（人情本『恋の若竹』天保四年・一八三三頃）。

「りうきん」は、別名を「をなが」「ながさき」とも呼ばれた。体短く、体高が高く、全体に丸みがあり、ひれはすべて優雅に長く伸びる。尾びれは四つ尾または三つ尾。しりびれは基本的に二枚である。江戸時代中期の終わり頃、安永・天明期（一七七二〜八九）に琉球から鹿児島へ、または琉球経由で中国から輸入されたところから、「琉金」の名があるという。藤田経信『編年水産十九世紀史』は、「りうきん」の日本出現を、明和後期（一七七〇頃）としている。ただし、その出典は示されていない。

蔵六庵『金魚飼様』には、「りうきん」の名も出てくる。『今様職人尽歌合』（文政八年・一八二五）にも「りうきん」の名がある。『嬉遊笑覧』には、『広東新語』（一七〇〇）に紹介された金魚を「是今のりうきんと呼ものなるへし」としている。

ただ、栗本丹洲『皇和魚譜』（天保九年・一八三八）には、「一種琉球地方ニ産スルハ大サ三四寸ニシテ色黒ク毎鱗ノ間ニ金色ヲ挟ム／尾長ク殆ト身ト等シ／往年薩摩ヨリ貢ス／今世ニ琉金ト称スルハ真物ニ非ス」という記述がある。「『今世ニ琉金ト称スル』真物でない金魚」が何かはよくわからないが、「大サ三四寸ニシテ色黒ク毎鱗ノ間ニ金色ヲ挟ム（金魚）」とは、いったい、どのような魚だったのだろうか。

荒俣宏『世界大博物図鑑』（平凡社、一九八九）には、栗本丹洲の描いた『皇和魚譜』の黒い二ひきの金魚の図が再録されている。ひれの長いところは「りうきん」に似て、胴が長いのは「わきん」にも似ている。全体の感じは鉄魚にも似ているが、尾びれは二枚（フナ尾）ではないが、三つ尾なのか四つ尾なのか判定がつかない。しりびれは二ひきとも二枚なので、鉄魚とは違う。むしろ、あとで説明する「わとうない」に似ている。この図については、あとでまた説明したい。「りうきん」と銘打たれてはいるが、栗本丹洲の図の金魚は、

図18　栗本丹洲『皇和魚譜』の「りうきん（?）」

現今の「りうきん」とは違う魚である。

同じ『世界大博物図鑑』には、高木春山『本草図説』（幕末に描かれ、孫の高木正年が明治十六年・一八八三の第一回水産博覧会に出品）に描かれた「りうきん」の図もある。細く裂けたひれが長く垂れ下がって、これも現在の「りうきん」とは違う金魚のようだ。

「りうきん」の日本への渡来の道筋は、結局、わからずじまいである。琉球を通って日本に渡ってきたという説にしても、昔、琉球で金魚を飼っていたという記録もないようだ。明治六年（一八七三）の『殖産略説』に、「天保ノ頃琉球国ヨリ渡ル者ヲ琉金ト呼テ」とあるのは、『皇和魚譜』の記述を鵜呑みにしたのかもしれない。

「をらんだししがしら（和蘭獅子頭）」

「をらんだししがしら」も、江戸時代以来の金魚である。「りうきん」のような長いひれが垂れ下がり、体形はやや短いが「りうきん」よりは長い。体も「りうきん」より大柄で、頭も大きく、「らんちう」のような獅子頭が発達する。この金魚も、日本渡来のいきさつ、日本で飼い始められた由来は不明で、「をらんだ」の名の意味も、オランダから運ばれてきたから（「らんちう」の「らん」も、オランダの「蘭」かもしれない）という説と、江戸時代には、外国渡りの珍しいものを、何でも「オランダ」「和蘭陀物」とつけたので、「をらんだ」に特別の意味はないとする説とがある。

ともかく、江戸時代に（むしろ金魚後進地の）オランダから日本へ金魚が来るとは信じられないので、この金魚も中国から渡来したのであろう。

『長崎聞見録』（寛政十二年・一八〇〇）に「獅子頭金魚／此金魚は其かしら獅子に似たるを以て名く。まれなる名魚にて其価も他魚に百倍せり。長崎にたしなみ持つ人まままありおもしろき魚なり」とある。その名が暗示するように、当時わが国はすでに鎖国時代だったので、江戸の金魚のうちでも、こうした後発組は、外国に向かってわずかに開かれていた国際港の長崎にまず入り、しばらくしてから、上方などへ伝わったのではあるまいか。

藤田経信『編年水産十九世紀史』に「おらんだししがしらの出現は文化十四年（一八一七）」とあるところからも、江戸中後期から、飼育が始まっていたことは確からしい。ただ、この金魚は江戸時代、ずっと長崎から博多にかけての北九州や、大坂を中心とする関西

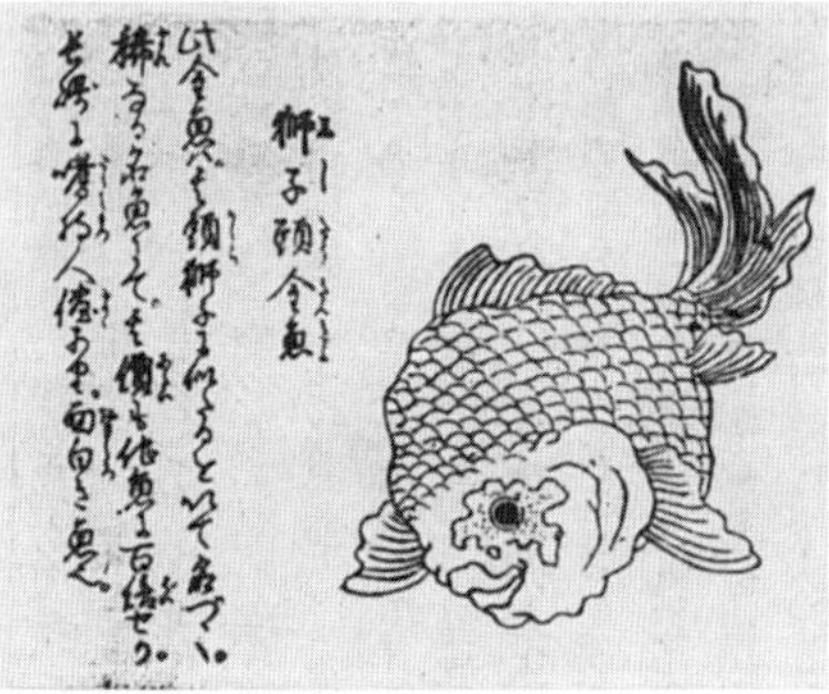

図19 『長崎聞見録』の「をらんだししがしら」

地方での飼育に止まり、江戸には入っていなかったらしい。維新後の明治三十年（一八九七）頃になって、初めて、東京に入ったと思われる。

日本で作出されたという説もある。明治維新後の日本の動物学発展に尽くした箕作《みつくり》佳《か》吉《きち》博士は、一九〇四年、アメリカの学術雑誌に「『をらんだししがしら』は文政年間（一八一八〜三〇）に大坂で『りうきん』と『らんちう』の交雑によって作られた」と書いている。

一方で、「大坂の金魚飼養はもと淡路の大鮫卯平と称するもの文化年中（一八〇四〜一八）大坂御蔵跡町に移住し金魚を飼育せしに始まり／文政年中二代目卯平が／和蘭獅子頭を大坂特有品として作った」（『大阪府誌』明治三十六年・一九〇三）という記事もあり、大筋は箕作の「紹介記」とも一致するので箕作がアメリカで発表した論文は、その前年に発表されたこの文章を引用したのかもしれない。

また別に、大坂の金魚屋「たどんや」の初代淡路屋卯兵衛が、「らんちう」と「をなが

（りうきん）」をかけあわせて天保年間（一八三〇〜四四）に「をらんだししがしら」を作ったという説もある。『大阪府誌』の大鮫卯平とこの淡路屋卯兵衛は、同一人物でもあろう。

松井佳一博士は一九一〇年に、「をらんだししがしら」が「らんちう」と「りうきん」の交雑によって生まれたという説をほとんど否定し、「りうきん」の突然変異によると主張した。もっとも、中国にはもっと以前からこのタイプの金魚がいたので、「をらんだししがしら」が日本で作り出されたという説は弱いようだ。

香蝶楼歌川国貞描くところの、天保期頃の団扇絵「夜景夏美人」の持つ金魚玉には、大振りの「をらんだししがしら」が、窮屈そうに描かれている。

図20　国貞団扇絵「夜景夏美人」　金魚玉に「をらんだししがしら」が入っている

「ぢきん（地金）」

「ぢきん」は、「地金魚」の意味である。愛知県名古屋が原産の金魚で、慶長年代の尾張藩主が金魚好きだったのが、名古屋でのこの金魚を飼い始めた始まりだとも、寛文延宝年間（一六六一〜八一）から飼われていたとも、寛政年代（一七八九〜一八〇一）に藩士牧田孫兵衛が藩主に献上したのがきっかけになったともいい、諸説がある。

いずれが正しいかはっきりしないが、このうちの慶長年代説は、江戸時代始期に当たり、日本の金魚飼育史から見て少し早すぎるようだ。「ぢきん」は、基本的な体形の金魚である「わきん」の特徴をも残している一方、尾びれが左右相称の四枚という特殊な開き尾をしていること、六鱗といって、体が白く、ひれだけが赤い特殊な調色を基本とするなど、品種としての独立性がはっきりしている。最初から、こうではなかったにせよ、そんなに早い時代に出現した金魚とは思いにくい。

江戸中期から尾張藩で飼われていたのは確からしい。蔵六庵『金魚飼様』には「ぢきん」も出てくる。

「つがるにしき（津軽錦）」

「つがるにしき」は、青森県弘前市を中心にする津軽地方特産の金魚である。初期には尾張の「ぢきん」と同じく、「地金魚」と呼ばれていた。元禄九年（一六九六）に初めて上方から移入されたとも、明和年間（一七六四〜七二）に京都から持参されたのがもとになったともいわれる。

天明年間（一七八一〜八九）に、津軽藩士斎藤勘蔵らが「つがるにしき」の系統を保存し、愛玩の習慣を広めたという伝承もある。

遅くとも文化年間には、津軽地方で一般に飼われるようになった。北国の津軽では、もとは暖地の魚の金魚の冬越しに独特の工夫が伝えられている。体は長く、背びれを欠くが、他のひれは長く、尾びれの長さは体長の二倍もある。独特な体形に、赤を基調とする派手な色彩を持つ。日本原産の金魚である。

現在、この地方でますます盛んな名物祭り「津軽ねぷた」の「金魚ねぷた」は、「つがるにしき」をモデルにしたもののようである。青森県から遠く離れた山口県柳井市の金魚提灯も、この「つがるにしき」がモデルと思われる。その話は第六章の「金魚の郷土玩具」の項にゆずる。

「とさきん（土佐金）」

「とさきん」は、高知名産の優美な金魚である。弘化二年（一八四五）から嘉永四年（一八五一）の頃、土佐藩士須賀克三郎が「おほさからんちう」と「りうきん」の交配によって作り出したと伝えられる。この金魚も、尾張藩の「ぢきん」や、津軽藩の「つがるにしき」と同じように、もっぱら土佐藩の下級武士の屋敷内の池で飼われ、藩士の趣味を兼ねた内職にもなっていたのではあるまいか。

蔵六庵『金魚飼様』にも「とさきん」らしい金魚があるので、このようなひれをした金魚は、意外に早くから現れていたのであろう。

「とさきん」の体形は、明らかに「りうきん」から淘汰されたものとで、「りうきん」に似て、それよりも太短い体に尾びれが大きく広がり、尾びれの左右のへりが上方に反転している。現今の「とさきん」は、浅い小さな容器で飼われている。

「はなふさ（花房）」

「はなふさ」は、江戸時代の伊勢地方の特産金魚で、明治の中頃までには、滅んでしまったといわれる。品種の由来も飼育の経過も不明。鼻孔のへりにあるヒラヒラした突起（鼻孔褶）がふさ飾りのように発達しているのが特徴で、「新中国金魚」の「絨球」に似た金魚だった。

「わとうない（和唐内）」

「わとうない」の由来もはっきりしない。「わきん」と「りうきん」の中間型をした金魚で、『殖産図説』に「琉金ト和金ト合（わせ）タルモノ和唐内ト云」とある。明治十六年（一八八三）、東京上野公園で開かれた第一回水産博覧会に「わりう」（和琉）の名で出品されたことが、記録に残されている。

「和唐内」は、もともと、正徳五年（一七一五）に近松門左衛門の台本で、大坂竹本座で大評判をとった人形芝居「国姓爺合戦《こくせんやかっせん》」の主人公の名である。明代末の中国で活躍した鄭成功《ていせいこう》という父が中国人で母が日本人の実在の人物が、この芝居の主人公のモデルだった。それを金魚の名にしたのは、つまり「日本金魚（わきん）と中国金魚（りうきん）を掛け合わせた金魚」の意味と、「和（日本）にも唐（中国）にもない金魚」の両方をもじったのだといわれる。名前はしゃれているが、体は「わきん」のように細長くて尾びれの付け根も細く、一方、尾びれは「りうきん」のように長くて、今日の眼で見れば、バランスがあまりよくない。

「わとうない」の名はともかく、これも日本原産の金魚であろう。ただし、松井佳一博士によると「りうきん」と「わきん」を掛け合わせた一代雑種は、全部「わとうない」になるという。これを逆に見れば、品種管理をいいかげんにして金魚を飼うと、このようなスタイルの金魚が出てきやすいということになる。品種というほどでもない、品種の認識の薄かった江戸時代に現れるべくして現れた金魚だったのかもしれない。

先住の「わきん」に対して、「りうきん」が文化文政の頃に日本に現れたのだとすれば、それらの交雑品種である「わとうない」の出現時期も、これとほぼ一致する。

最近、熊本大学の山口隆男博士によって、オランダのライデン博物館にあるフォン・シーボルトが日本から持ち帰った魚貝類写生図が紹介されたが、そこにも、奇妙な金魚が二ひき描かれている。一ぴきは二つ尾（フナ尾）、もう一ぴきは三つ尾「わきん」でもなければ

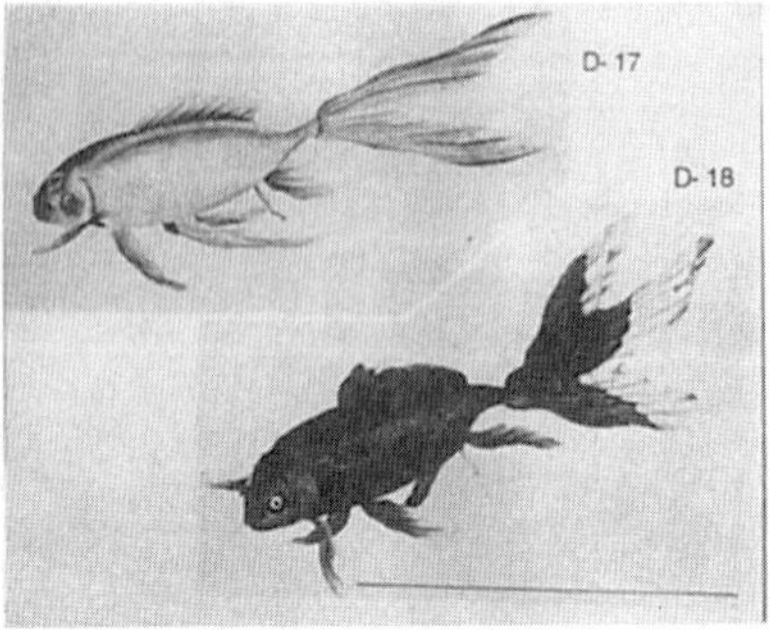

図21　桂川甫賢描く「わとうない（?）」、ライデン博物館にて、山口隆男（1997）

「りうきん」でもない、むしろ「わとうない」の特徴を現しているように思える。桂川甫賢《かつらがわほけん》の図であるという（合津臨海実験所報、一九九七）。

文政九年（一八二六）、シーボルトが長崎から江戸へ来たとき、栗本丹洲、大槻玄沢《おおつきげんたく》、宇田川榕菴《うたがわようあん》など、当時一流の蘭学者たちが、その旅宿になった日本橋石町の長崎屋を訪ねてシーボルトに面会した。桂川甫賢もその一人だった。上掲の金魚の図は、その甫賢からゆずられた自筆図であったという。甫賢は幕府の最高位に上った高名な医官でありながら、向学心厚いすぐれた本草学者で、しかも、動植物の写生図に巧みな人物だった。

栗本丹洲の「鉄魚のような黒いりうきん（？）」にも、「わとうない」の特徴が見られることは先にも書いた。金魚の品種が固まっていなかった江戸時代には、このような、品種の特徴が絞りきれていない、中途半端な金魚も多かったのであろう。「わとうない」は、「りうきん」の導入に伴って生まれた「鬼っ子」ではなかったか。

3　市民権を得た金魚

江戸時代初期にはまだ珍しかった金魚も、江戸開府から九十余年後の元禄時代以降になると、ようやく、一般庶民の手の届くところまで普及して、日常生活に金魚の姿が見られるようになった。もっとも、それは上方や江戸の話であって、地方で金魚が身近になるには、まだしばらくの時間が必要だった。

元禄時代が終わって、二十年後の享保九年（一七二四）、甲府城代を命ぜられた有馬出羽守部下の坂部甚五郎は、「鶴瀬という所にて金魚を珊瑚珠魚と名付けて見世物にす、在辺の者いまだ見たことなきものと見ゆる」と道中記に書いた。この年は、甲府城主柳沢吉里が大和郡山へ転封され、入れ替わって甲府勤番制が始まった年だった。柳沢家の興亡は、金魚の飼育史とも関わりがあるが、それはまた、第五章の終わりに書こう。

江戸でも、元禄期までの金魚は、おおむね金持ち階級の遊びの対象であった。元禄期はまだ、江戸へ流れ込む上方文化が、江戸に大きな影響を及ぼしていた時代だった。江戸の流行は上方の流行のコピーだった。金魚の江戸での流行ももちろん、上方から伝わったのだし、金魚の観賞法も飼育法も、金魚自体も上方から東へ供給されていたはずである。

その上方では、「元禄のころ京師室町通り三条のほとりに桜木勘十郎といへる人ありしが、……中庭に小池ありて金魚あまた放ちおきそこよりわが居間の楼きざはしをかけわたし」（『百家略伝』『百家奇行伝』）とか、また同じ元禄時代、豪奢な生活で知られた大坂町人淀屋辰五郎が、百間（一八〇メートル）四方もの豪勢な屋敷のうちに、四方にびいどろの障子を立て回し、天井も同じびいどろで張り詰めて清水を張り、金魚を放ち、夏座敷と名付けた。淀屋のぜいたくぶりは、将軍家の納涼所をしのぐほどであったという。

淀屋辰五郎は、諸大名の米の委託販売で巨利を得た商人である。自店の店先で米市を立て、のちの堂島米市場の起源としたほどの人物であったが、大坂新町の傾城屋茨木屋の遊女玉菊に入れあげて家産を傾け、ついには謀反の罪で家財一切を取り上げられ放逐されたと伝えられる。

その淀屋が遊興した茨木屋のあるじ幸斎もまた、淀屋にならって、自分の屋敷に同じような夏座敷を作り、淀屋同様に放逐の憂き目にあっている。破産覚悟のこんな上方での過熱したぜいたく流行が、江戸へ伝わらなかったはずがない。

喜多村香城『五月雨草紙』には、徳川第十代将軍家治の寵臣として、側用人から安永元年（一七七二）に老中となり、かつての柳沢吉保をしのぐ権勢を誇った田沼意次の侍医には、法眼千賀道有という人物がいた。その千賀法眼が「浜町に二千坪の屋敷を買ひ、夏月納涼の座敷は天井へびいどろを張り、其中に金魚を蓄へた」と、淀屋のそれと似たようなぜいたくぶりを伝えた話がある。

しかし、ガラス水槽を天井にしつらえることはむつかしい。どれほどな大金を投じようと、江戸時代に天井一面、または天井の一部にでも、底をびいどろ（ガラス）張りにした水槽を作り、中に水を張って金魚を飼った話は信じがたい。果たして、本当にあったことかどうか。不粋な話だが、アクリルガラスが使われるようになるまで、ガラス水槽の水漏れに悩まされた現代の水族館技術屋の眼で見ると、ちと眉唾ものである。

水は重い。金魚を飼うのなら、水深は金魚が泳げる程度は必要である。水とガラスの重さは、どうやって支えたのだろう。水深たった一〇センチでも、水の重量は一平方メートル当たり一〇〇キログラム。水圧と漏水対策、板ガラスの製作能力を考えると、そのようなガラス張りの天井水槽が江戸時代に作られて、実用になっていたとは考えにくい。

明治初期の浮世絵にも、うるし塗りの細い木枠に四方ガラス張りの、高さ一メートルもの水槽に、金魚を泳がせている作品がある。このようなガラス水槽の実在も考えにくい。まず、想像と願望の産物だったのだろう。

水槽の底を一部だけガラスにして、下から魚を見上げられる水族館は、この日本では、ずっと後年、明治三十二年（一八九九）になって、ようやく、浅草に誕生している。その浅草水族館のガラスは、イギリスから特別に直輸入した、特別厚くて丈夫な、ピルキントン社製の特注ガラスだった。

元禄期あたりから、江戸は商人の町になりつつあった。当然、人々の金銭感覚は鋭く、利にさとく、蓄財にも熱心だったはずである。ところが江戸の人々には、町人ならば当然のはずの蓄財を、卑しい行為と考え、消費を美徳と考える奇妙な気風があった。明日の生活の心配をせず、有り金を残さず費消する奢りを理想とした。その頂点に紀伊国屋文左衛門や奈良屋茂左衛門など、一代で成り上がって、蓄えた身代を湯水のように使い尽くした分限者《ぶげんしゃ》がいた。

徳川幕府は、こうした風潮をいましめるために、たびたび奢侈禁止令を出した。たとえば、五代将軍綱吉の元禄六年（一六九三）には華麗な家屋の建築を禁じている。しかし、ぜいたく禁止の命令は多くは長続きせず、またもとに戻るのが常だった。

将軍綱吉の代の奢侈禁止令は、しばしば、生類憐憫令と並行して発令された。よく知られるように、綱吉の生類憐みの令には行きすぎがあって、たとえば、貞享二年（一六八五）には、貝類、海老などの料理が禁止され、元禄八年には、珍鳥奇獣の販売と飼育が禁止されるところまでエスカレートした。

元禄七年九月、幕府は江戸府内の金魚銀魚の数を届け出させ、同年十月および十一月には、その全部を没収して、七千びきほどを（神奈川県の）藤沢の遊行上人の池へ運んで放った。そのために道中往復三日かかったという。

この話は『元禄宝永珍話』という書物に、「珍話」と題されてのせられているのが、作者の斜な姿勢を窺わせて興味深い。同じ話が朝日文左衛門という尾張藩の下級武士の記した

図22　安永年間流行の金魚髷

図23　国芳「金魚づくし・さらいとんび」

『鸚鵡籠中記』にもある。

すなわち、「元禄七年十月晦日〔金魚を放つ〕今月、綱吉公江戸中の金魚銀魚を皆召し上げられ七千ほど有。藤沢の遊行上人の池に放さしめ給う」(『元禄下級武士の生活』加賀樹芝朗、一九七〇)と。

江戸の金魚熱はこうした「御処置」で頓挫するどころか、ますます盛んになっていった。下々での金魚流行のみならず、将軍家もまた、「金魚お好き遊ばされ、鶴お放ちなられ候、お庭の内に金魚舟さし置かれ候」(『寛永小説』享保三年・一七一八)と、金魚は丹頂鶴なみの、ぜいたくな生活の象徴でもあった。十八世紀後半の明和の頃になると、洒落本にも「猪牙舟の早きにおどろき、金魚の数にあきれ、植木の青々としたるに目を覚し」(『辰巳之園』夢中山人、明和七年・一七七〇)と、金魚はすっかり、江戸での市民権を得ていた。

「金魚」という言葉や、金魚にあやかった風俗、見立て、名付けも、続々と登場するようになった。池を泳ぐたくさんの金魚の一ぴきずつが役者の似顔になった錦絵も売り出され、安永の頃(一七七二~八一)には、田螺金魚というペンネームを名乗る戯作者が現れて、洒落本『契情買虎之巻《けいせいかいとらのまき》』など、後世の人情本に影響を与える好作品を残した。

浮世絵に金魚を擬人化して踊らせたり、生活させたり、役者や要路の人物の顔を写したりするのも幕末の流行だった。歌川国芳、国貞などの描いた、金魚が縦横に活躍する、ほほえましい図柄の錦絵も、たくさん残されている。

同じ安永年間には、武家の若者や大尽の若衆のあいだに、後ろ髪の根を上げ、髷《まげ》の先端を反り気味にした「金魚本多」(「金魚髷」、ただ「金魚」「舟底」ともいった)と呼ばれた髪形が、大いに流行した。

椿の園芸品種にも、葉先が金魚の三つ尾のように分かれた変種が作り出され、「金魚椿」と名付けられて大人気を博した。

第四章　駆け足で通る江戸の町と江戸時代

1　江戸の暮らし三百年

ところで、金魚が流行った江戸時代はどんな時代で、江戸はどんな都市だったのか。江戸を書いた本はたくさんあるので、今さら蛇足かもしれないが、金魚の話の時代背景を説明するために、駆け足で通り過ぎてみたい。

天正十八年（一五九〇）八月一日、江戸湾の奥の干潟の広がる海辺に近い武蔵国の東南の一角に、徳川家康とその家臣団と、新しい領主に従う商人職人が移住してきた。それまでも、江戸はまんざらの片田舎ではなく、小さいながらも城下町の体裁を整えていたが、家康入府をきっかけにして、江戸時代三百年、歴史でいう近世の幕が開き、未来の東京につながる江戸の町の都市化が始まった。

家康入府の翌々年、文禄元年（一五九二）には、さっそく、江戸城修復の普請が始まった。慶長十一年（一六〇六）には、最初の大々的な江戸城拡張工事が始まり、以後およそ三十年かかって、新しい「お城」が完成した。日比谷入江も埋め立てられ、城の周囲に新しい町ができていった。

江戸の市街は、隅田川の下流域から、江戸湾にそそぐ河口域周辺にわたって形成されたので、市内には多数の河川が流れていた。徳川幕府は、それらの水路を整備し、新しく掘削して、人が往来し、物資を運ぶ交通路として役立てようとした。

江戸は水運の都であり、それも大都市江戸の発展に役立った。のちに江戸の町中を流れるようになった隅田川は、大川と呼ばれて、江戸とその外廓を仕切る境川であった。

都市としての江戸の成立と発展は、ひとえに江戸を取り囲む利根川、江戸川、荒川の改修、付け替えによる利用に負うところが大きかった。江戸の利水治水は大事業だった。この事業の成功が、江戸幕府と江戸時代三百年間の安泰に寄与した功績も大きかった。

初期の江戸の城下町は、一里四方の小市街であった。それが年を追って、今に残る日本橋、京橋、神田、芝を中心に、外へ外へと町が新設されて、まもなく三百町に増えた。元禄の大拡張のあと、一口に八百八町と唱えられるようになった。それから十年もたたない正徳期（一七一一〜一六）には、九百三十三町までに達した。

江戸の市街地は、武家地と寺社地に広い面積を奪われていた。延々とつづく土塀と屋敷林に囲まれた閑静な武家屋敷の総面積が、江戸全体の七〇％を占め、ここに江戸全人口の約半数の武士とその家族や家臣六十五万人がゆったりと住んだ。これに対して、残りの面積三〇

%のうち、寺社地などを除いたまた半分、全体の一五%ほどの町方に、六十万人の庶民がひしめきあうように住んでいた。

大勢の庶民が密集して暮らした町方が、すなわち下町である。江戸の本来の下町は、日本橋、京橋、神田。東は隅田川、北は神田川に筋違御門、西は江戸城の外堀、南は芝口、新橋、その南はもう、江戸前の海で、南と西を除く下町の外側が、山里（山の手）であった。川向こうの本所や深川は、初めは江戸のうちではなかった。

江戸の発展につれて、下町の範囲は次第に四方に拡大していった。なかでも、辰巳の方角への進出が著しくなった宝暦～天明期（一七五一～八九）には、以前は江戸の境川だった大川（隅田川）の東の川向こうも、江戸の下町に仲間入りしていた。

江戸は活気に満ちた都市だった。家康入府の二十五年後、慶長末年（一六一五）の江戸の人口は約十五万人だったが、それから約三十年後の寛永末年（一六四四）には約四十万人に増えた。その約五十年後の元禄六年（一六九三）には約八十万人、さらに享保期（一七一六～三六）以降は百万人と、江戸の人口は驚くほどの速さで膨張していった。人口から見れば、この当時の江戸は、すでに世界的な大都市だった。

「江戸は諸国の入り込み」といわれたように、諸国から江戸へ、人と物がはげしく集まり、それが江戸を世界有数の一極集中的な大都会に発展させるもとを作った。その象徴がたとえば、大名の参勤交代であった。

諸大名の参勤交代は、初めは期限も定められていなかったが、寛永十二年（一六三五）に制度として成立した。最初は外様大名だけが一年おきに出府して江戸屋敷に住み、将軍の統帥下に入るきまりだったのが、寛永十九年（一六四二）に譜代大名も加えられた。一口に江戸三百諸侯という。幕末には、二百七十六家あったという。それら、二百家を超す大名が、原則として一年おきに、石高相応の人数の家臣団を従えて、知行地の国許と江戸をむすぶ街道を往来した。

主人に従って出府した家臣の多くは、一年二年の江戸勤番を繰り返すことになった。現代の会社員の単身赴任に似た習慣であった。このような、参勤交代の制度と江戸勤番の慣行も、「諸国の入り込み」人口を江戸に定着させる大きな役割を果たした。

江戸の男女比は、ずっとアンバランスで、初期の頃は男の人数が圧倒的に多かった。江戸中期の享保十八年（一七三三）に、男二人に対して女一人を超え、幕末の弘化二年（一八四五）になると、ようやく、女の人数が男の人数の九一％に、つまり、男女同数に近くなった。

享保期といえば、江戸開府から約百年を過ぎて、江戸の人口は百万人（別の説では八十万人）を超えた時期である。しかし、この頃には、さすがの急成長にもかげりが出て、その後の江戸の人口増加は横這い状態になった。もっとも、その後も江戸市街の拡張傾向は止まず、人口構成も天明期になると、下級武士、商人、職人、及び無職の人々を含む庶民層がさらに厚くなり、江戸と諸国との人口比はいっそう大きくなった。

明和の大火（明和九年・一七七二）をきっかけに、それまでは周辺域に限られていた下層社会の町並みが、江戸中心地の町方にも広がり、日本橋や京橋にも形成されるようになった。江戸がまっしぐらに繁栄に向かう一方で、経済急成長のひずみも現れてきた。

天災や人災も、人々が忘れた頃にまた起こり、同じような災害が何度も繰り返し起こった。十七世紀の目ぼしい大事件だけでも、寛永末年の大凶作（一六四二）、死者十万といわれた明暦の大火（明暦三年・一六五七）、寛文十年（一六七〇）の大地震、元禄十一年（一六九八）の江戸大火（勅額火事）などが数え上げられる。

それらの災害にも後押しされて、江戸周辺から関東地方一帯の農村は荒廃し、貧困に苦しむ農民の一揆や打ちこわしが盛んに起こって、江戸の発展に水を差した。しかし、それにもめげず、貧富の差をひろげながら、江戸の繁栄はさらに進んだ。

2　江戸の町は物売りの町

江戸はあくまで、周辺農村と緊密に関係をもった農村都市であった。周辺農村の一次生産物を直接間接に大量消費し、江戸における二次、三次産業はほとんど、周辺農村で生産される農林産物を原材料として成り立っていた。すなわち、江戸はどんなに急成長しても、近郊農業を経済基盤とする消費都市であった。

その江戸の下町には、したがって「諸国」といっても「近国農村」からの「入り込み」という側面があったはずだ。下町は、過密都市江戸を象徴する顔の一つだった。下町を構成する人々は、ほとんどが資産を持たない無産大衆であった。身一つで諸国から入り込む人々によって、下町はますます膨張した。

下町には長屋が密集し、せまい裏長屋に大勢の人がひしめき合うように生活していた。下町はスラムに近かった。そこに住むその日暮らしの人々は貧しく、町中はいつも騒然としていたが、犯罪は少なく、それなりに秩序があった。秩序のあるスラムだった。

江戸には、店舗を構えずにものを売って歩く行商人と、売り歩きながらその場でものを作り修理もする半職人的行商の数が、たいへんに多かった。

ことに行商人（物売り）の数は多く、少し大げさにいえば、江戸の町は、物売りの声に満ちていた。

「菜籠をかついで、早朝に六七百文を持ち、カブラ、大根、蓮根、芋などを買い、肩が痛むのも苦にせず、町まちを、力の限り足任せにカブラ召せ、大根はいかが、蓮も芋もあるよと、声を張り上げ呼ばわりながら歩き、日が西に傾くころ家に帰る。籠を見れば、菜が一束残っているので、明朝のおかずにできると喜ぶ。

妻と幼い子二人が昼寝している我が家に入って、かまどに火をくべながら、翌日の元手を計算していると、妻が目を覚ましたので、当日の米代二百文と味噌代五十文を手渡す。
妻が米を買いに行くために立つと、子が菓子代を求めるので十二、三文を与えれば、この子も外へ走り出る。

で、（翌日の元手を差し引けば）残るのが百文余りないし二百文。酒代にするか、雨風の日のために貯えるか。これがつまり、その日かせぎの零細な商人の収入である」

江戸時代末期の『柳庵雑記』（弘化二年・一八四五）に書かれた、江戸の裏長屋に住む零細な行商人についての記述を現代風にアレンジするとこんなふうになる。

「棒手振《ぼてふり》」と呼ばれたその日暮らしの物売り（行商）は、その日一日に売る商品を仕入れる元手金がなければ、烏金《からすがね》とか日無し金（日済金《ひなしがね》）と呼ばれた、一日限りの高利貸しの金を借りて、翌日の商品を仕入れた。

「烏金」とは、借りた金を翌朝、夜明けにカラスが啼く時分までに元利そろえて返済しなければならなかったので、こんな奇妙な名があった。利息は日歩二分か三分、つまり、七百文を借りると、最高二十一文もの高利の日歩を払わねばならなかった。

文化年間の江戸の土木工の日当は、三百文くらいであったから、『柳庵雑記』に登場する「棒手振」の一日の利益も、それに見合って、おおよそこんなものだったのだろう。

もう一度さかのぼって、元禄時代には、まだ長屋住まいの行商人や居職が、社会の階層として成立していなかった。それが、江戸中期を半ば過ぎて、明和の大火（一七七二）の後あたりから、にわかに零細な行商や職人の数が増え、江戸の下層社会に「棒手振層」が形成された。江戸時代後期には、棒手振の人数は、江戸の人口の四一％にも達した。

これはまったく、江戸という近世都市の特徴であった。同時代の地方都市はもちろん、江戸と上方と比肩された大坂でさえ見られなかった現象である。同時代の大坂では、その代わり、商店などの「お店《たな》」に住みこむ奉公人の数が、大坂の人口の四七％もいた。人口構成からいえば、これがちょうど、江戸の棒手振の数にほぼ匹敵するところが、両都市の性格を対比させて興味深い。

江戸の庶民は、たとえ零細なその日暮らしの行商であっても、独立自由の商人であることに誇りを持とうとしていた。

『浮世風呂』などの古典落語には、零細な行商人がしばしば登場して、彼らなりの生活哲学を語るが、その会話から、お店に雇われて他人に使われる奉公人の立場をいさぎよしとしない、あるいは奉公人を軽侮する、やせ我慢めいた美学が窺われる。

都市としての江戸には、このような形で、農村からあふれ出た無産農民層や無職浪人者を吸収できる、経済力がそなわってきていた。

と、いっても、諸国から江戸に入ってくる無資産の人々、とくに地方農村の出身者の実像は、出身地での窮乏や止むを得ない事情が動機となっていたにせよ、一般に気ままな生活者であった。地方社会からはみ出てきた彼らが、生活の安定と引き換えに、年季にしばられて、窮屈な思いをする商家奉公や武家奉公をいやがり、日傭取りの土木工や、日銭稼ぎの行商のような、早くいえば気楽な稼業を好んだ風潮は、不安定な社会層を育てる原因にもなった。

近世都市江戸を象徴する行商人は、「高野聖《こうやひじり》」に始まったといわれる。「高野聖」とは、鎌倉時代に高野山の下級僧が、勧進のために諸国に出向いたところから始まり、江戸時代には、高野僧の服装をして、呉服の行商をして歩いた僧形の商人を通称としてこう呼んだ。戦国時代、諸国には関所が設けられて、国境を越えての通行はきびしく制限されていた。しかし、例外的に高野僧だけは国境通過を許されていたので、その恩恵を利して、呉服の行商を兼ね、あるいは行商人となった人々がいたというわけである。

「呉服商すべて日本国中へ京都より出る。呉服やはみな法体にて、これを聖《ひじり》商人と称えたり。……然るに江戸商売心に任せ致すべき事ゆえ、呉服商人数千人に及び……」と、高野聖は、江戸にも来ていた。「高野聖」のうちには、その名にふさわしからぬ悪人やいやしげな人々もいたので、「聖」の呼び名には皮肉もこめられていた。

ただ、呉服行商には元手がいる。無産の江戸の人々が、元手いらずのもっと安直な商品を扱うように変わっていったのも、当然の成り行きだった。

事実、江戸の行商は、「凡そ宝永のころより、近年彼の聖呉服少なくなりて、今は江戸に絶えたる体なり」と、衰滅した高野聖に入れ替わって時代を追って数を増し、商売の種類も次第に増えていった。その中で、背に荷をかついで物を売り歩く行商を「振り売り」といった。

江戸の行商人の多くは、武家奉公の経験者や、江戸へ出てきた農民が主体だった。年貢の上納に苦しみ疲弊した農村を脱出してきた農民や、主家の扶持を離れた武家浪人が諸国から入り込んで、零細な市民層をふくらませる弊害を恐れたのであろう。徳川幕府はたびたび、増える一方の物売りに対する行政指導を行った。

すなわち、さかのぼって江戸時代初頭の慶長十八年（一六一三）には、早くも諸国浪人や農民が新たに振り売りとなるのを禁止し、以前からの振り売りには、町奉行所の鑑札を受けさせた。さらに慶安元年（一六四八）には、無鑑札の振り売りは三日晒しの上、三十日の入牢と、かなりきびしい罰則を触れ出した。

それでも、その十年後の万治元年（一六五八）、江戸の振り売りの数は、江戸の北半分だけで五千九百人に達し、業種は五十に及んだ。振り売りの多くは裏店の住民か、場末に住む下層の町人であった。万治二年（一六五九）、幕府はなおも新規の振り売りを禁じた上で、振り売りの商品の種類によって鑑札を分けて免許制とし、商売ごとに鑑札の要不要を決めている。さらに、五十歳以上の中高年や十五歳未満の未成年者、障害者だけに振り売りを許可する商品を限定して、それらの人々を保護しようとした。

たくさんの物売りがある中で、食べ物を路上で煮売りする行商を、幕府はとくにきびしく取り締まった。寛政十一年（一七九九）には「荷家台にて煮商い致し候者ども、人数七百人に定め、当時九百人余これある趣に付、鑑札は九百枚。その方共、役所より相渡し、向後は譲渡し等致させず七百人までは、減じきりの積もり致すよう……」と、要するに現状はまあ認めるが、今後の鑑札を出し渋ることにして、だんだんに減らそうとした。少なくとも増やすまいとした。夜鳴きそばなどの「煮売り行商」が「江戸の花」とまでいわれた大火事の火元になるのを警戒した「火の用心」の趣旨からであった。

しかし、振り売り取り締まりに関しては、幕府の威令もなかなか及ばず、行商のリストラはうまくいかなかった。なにしろ、発行した鑑札の種類と数が多かったし、無鑑札の振り売りの数はもっと多かった。突然の思い付きや才覚で、今日からでも始められる振り売りは手っ取り早い日銭稼ぎの手段だったから、新規の参入が後をたたなかった。

江戸時代後期、江戸の行商と半職人的行商の数は大変多くなっていた。喜多川守貞『守貞漫稿』には（復刻の『類聚近世風俗志』も）、当時の行商の種類が八十三種列記されている。資金のいる呉服や蚊帳の行商を例外とすれば、ほとんどが貧民の零細な資金でできる小商いばかりであった。なかには、片腕にサラシ木綿の反物を掛けて道端に立ち、求めに応じて自由な長さに切り取って売る、まったくの小商売もあった。その中から裸一貫の身を起こして、大金持ちになったサクセスストーリーも実在したのだった。

諸国から入り込んで、江戸で下層の市民層を構成した人々の多くが、その日ぐらしの行商

図24　喜多川守貞『類聚近世風俗志』に紹介された京の金魚売り行商の装束

にたずさわった。その辺が、地方からの労働力を、主として商店や武家の住み込み奉公に吸収した上方との大きな違いであった。

行商はそれぞれの服装をして、独特の売り声を工夫して町々を流して歩き、季節に応じて人も商品も入れ替わった。物売りの中に、金魚の行商もふくまれていた。金魚売りはもちろん、夏の商売で、夏の近づいた江戸の町なかを「きんぎょお」と、独特の抑揚をつけた売り声を流して歩いた。金魚売りの風俗と売り声は、苗売り、風鈴売りなどとともに季節感にあふれ爽涼感に満ちて、人々の目と耳を楽しませ、心を和ませた。その証拠に江戸の金魚行商の記事や絵図は、たくさん残っている。

3　店借りの町の活力

江戸時代は、米社会から貨幣社会への経済構造の変換期に当たっていた。社会の経済力にも余裕ができつつあり、江戸の町の零細な市民層にさえも、それなりの収入に見合った生活のできる社会が成立しつつあった。生きるために必要なもののほかに、人生をうるおし豊かにしてくれるものがあることを人々が知り、そこに生活の楽しみを求めるようになった。

江戸時代の生活の楽しみといえば、神社仏閣の急激な発達と、寺社が庶民の行楽の場所になった経過についてもふれておかねばなるまい。

まず、元禄三年（一六九〇）から寛延四年（一七五一、改元されて宝暦元年）にかけての頃、江戸にはにわかに神社仏閣の数が増えた。とくに弁天、観音、薬師、不動、阿弥陀、地蔵、稲荷などの、いわゆる俗神仏を本体とする寺社の数が急増している。

それは、人々の信仰心向上のせいというよりも、むしろ行楽行事の利用手段の普及のせいだった。行楽のついでに神や仏を拝んで、そのご利益にもあずかろうというのが本音だった。

江戸の神社仏閣では、さかんにご開帳が行われて、それがまた人集めに役立った。寺社で行われるたびたびの「ご開帳」は、江戸の人々に大勢が一堂に集まる賑やかさの楽しみを教えた。寺社の「活動」は、雑踏をむしろ好み、人ごみに積極的に足を向けようとする、江戸民衆の好奇心の強い、集団好きでお祭り好きな、開放的な気質を育てた。

諸国からの「入り込み」で、次第に増加する無産階級に対する施策に悩まされていたはずの江戸幕府は、一方で、寺社修理などの公費を捻出するために、富くじを盛んに発行して庶民の射倖心をあおった。

そのような幕府の政策も、大衆の享楽傾向をさらに推し進めたことであろう。

次々に売り出される富くじに一攫千金の夢をかける人、投機的な金儲けに熱中する人、消費遊蕩にふける人。利殖蓄財が目的だったはずの商人まで、事業に成功してにわか大尽となると、今度は蓄積した富を派手に散財することに生きがいを見出そうとした。人々はその気前良い無駄遣いに拍手喝采した。

一介の商家の内儀が金に糸目をつけないぜいたくな衣装を着て、将軍家の奥方に「衣装比べ」を挑んだり、住居庭園に莫大な費用をかけた工夫をこらしたりする「分限を超えた」不相応なぜいたく話が、江戸にはたくさん生まれた。先にもふれた、座敷の天井をびいどろ張りにして水を入れ、金魚を放して楽しむ話も、真偽のほどはともかく、金持ち階級の途方もないぜいたくさを象徴するものだった。

貧乏と隣り合わせの裏店の庶民のあいだでさえ、趣味の植木いじりや小鳥の飼育、それから金魚の飼育が流行した。素焼きの植木鉢の出現が、過密な裏店の露地で楽しめる鉢や箱に植えた、菊や朝顔や万年青《おもと》の栽培を流行させた。小さな金魚を一、二ひき入れて、手に下げて歩ける、びいどろの金魚玉も出回り始めた。

江戸の文化は「縮みの文化」といわれる。江戸の人々は、なんでも小さく縮めて身近に引き付けようとしたあげく、ものの見方まで縮んでしまった。

「縮みの文化」という言葉は、ものの見方の矮小化を伴う、近視眼的な視点を意味するものとして、軽侮の気持をふくんで使われる場合が多い。しかし、それは一面、窮屈な都会に入り込み、狭い裏長屋で零細に暮らしてなお、非都会的、田園的環境への接点を求めた人々の生活の知恵ではなかったか。

ふつうの町人の子も、寺子屋で読み書きソロバンを習うようになって、市民の識字力が高まった。字が読めるようになった大衆に向かって、瓦版（手刷りのミニコミ新聞）が世間の出来事を速報するようになった。寺子屋の普及は宝永六年（一七〇九）頃からだったが、寺子屋で子どもたちの教育に当たった師匠たちは、皮肉なことに、主として諸国諸藩の禄を離れて、江戸へ生活の場を求めて入り込んだ無産の武士階級、浪人たちであった。

上方で始まった文芸が江戸に下って普及するのが、この頃一般の風潮で、寛保二年（一七四二）頃には、上方で読本が盛んになったのを受けて、江戸でも洒落本や江戸小噺のような軽い読本が一般に広まった。明和六年（一七六九）には絵草紙も始まり、盛り場に本屋が店を出して、書物も庶民の手に届きはじめた。寛政二年（一七九〇）の江戸では、洒落本、読本が全盛期に達していた。

俳句から派生した川柳も、一般大衆に盛んに詠まれて、庶民文学へ発展し始めていた。

明和二年（一七六五）、鈴木春信が錦絵を創始した。それ以来、多色刷り版画が急激に広まり、浮世絵（錦絵）の収集や観賞が流行した。芝居見物も盛んになった。それも役者の似顔絵という版画の普及に負うところが大きかった。「野暮」に対する「通」という言葉ができて、「将軍様のお膝元に生まれた」のを自慢する人々は、江戸という都市に住み、生活していること自体を誇りとするようになった。

江戸の町方には、借家住まいの人数が、そうでない市民よりもずっと多かった。土地だけを借りて、家は自分持ちの場合を地借《じかり》といい、家や部屋を借りる者を店借《たながり》といった。店借には、表通りで商家を借りて商売をする者と、裏長屋に住む者があった。借家人を店子（店借）といい、店子の面倒を見る人を大家と呼んだ。

表通りに面した表長屋は店舗兼用の住宅であって、まだ経済力のある人々が住み、その他大勢の庶民は、路地を入った裏長屋に住んだ。ただ長屋とだけいえば、一般に裏長屋を意味した。長屋の住人の多くは、諸国から江戸に出てきた、無産の人々であった。

元禄期あたりまではまだ、長屋も都市の周辺部にだけ建設されていた。それが十八世紀になると、江戸中心部の町々にも長屋が建設され、その数も増えて、江戸の過密化の進行に拍車をかけた。

ある例として、享保三年（一七一八）、日本橋通一丁目のある屋敷の奥に、六戸分の店借が住んでいた。他は空き地だった。それが五十四年後の明和九年（一七七二）になると、同じ敷地に、二十八戸分の長屋がぎっしりと建てられ、空き地はまったくなくなっていた。土地の有効利用といえば聞こえはいいが、一事が万事、こんなふうに、江戸の町はだんだんせせこましくなった。文政十一年（一八二八）頃の江戸町方の人口は、七割が店借、つまり、借家住まいであった。

長屋の一戸分は、平屋建ての九尺二間《けん》（二・七×三・六メートル）で、要するに、六畳ひと間《ま》だけの小住宅が相場だった。うち、畳が敷いてあるのは、四畳半分だけで残りは板敷きだった。あと、上がりがまちのせまい土間があるだけだった。

これが基本的な裏店の標準だったが、なかには、一世帯分が六尺二間半（一・八×四・五メートル）という、ウナギの寝床みたいなのもあった。もっと狭い、六尺二間（一・八×三・六メートル）の長屋もあった。

長屋には、割長屋と棟割長屋の区別があった。割長屋というのは、左右の壁を隔てて両隣りと接していた。要するに、一棟を縦一列の何軒かに割ったものである。これに対する棟割長屋は、三方が壁で左右、後ろと合計三軒に隣り合っていた。こちらは要するに、一棟に何軒かを二列に並べて分けたものである。同じワンルームでも、割長屋には表口と勝手口（裏口）があり、棟割長屋には開口部が一つしかなかった。

裏長屋の便所や井戸は、一戸ずつについているのではなく、長屋の共用で、屋外にしつらえられていた。江戸の裏長屋の生活ぶりの一端は、「井戸端会議」とか「近所合壁《がっぺき》」という言葉になって残っている。

棟割長屋の家賃は五百文と決まっていた。老朽化した長屋だと三百文だった。日割にして十六、七文、棒手振行商の平均的な日当の五～六％だった。戸無し長屋（入り口に戸がな

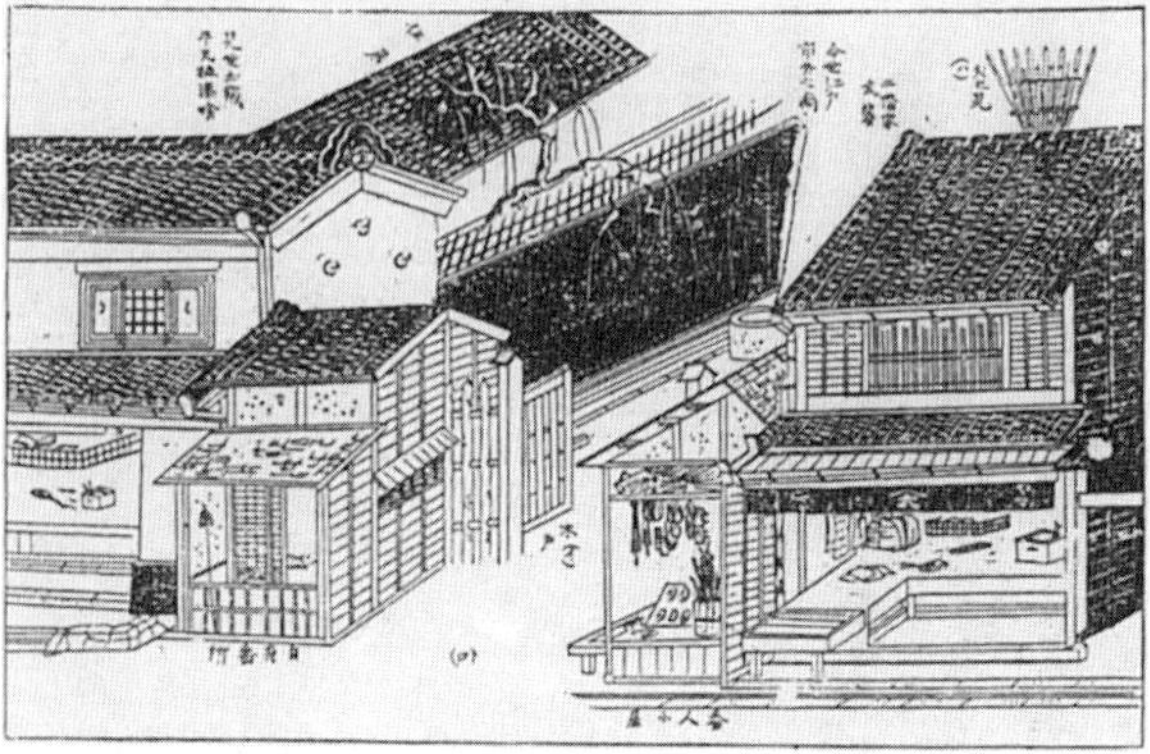

図25　喜多川守貞『類聚近世風俗志』自身番（左）と番人小屋（右）。小商いの様子も見える

く、代わりにむしろを下げただけの「なめくじ長屋」）だと、日払いで八文からだった。

寺門静軒《てらかどせいけん》は『江戸繁昌記』（天保二年・一八三一）で、江戸の町方にたくさんの裏長屋が密集して立ち並ぶ様子を、「五家十軒、十舎一梁。劇なる裏店に至りては、五と十を結びて一節と為す」と、重々しくも多少滑稽に表現している。

江戸時代、店借の無産大衆は、行政上の町人とは認められていなかった。正式の町人は地主だけで、地借の家主がこれに準じた。長屋のオーナーは「正式の町人」の地主で、身分は大商人や御用職人の棟梁など。市中各所に所有する土地に長屋を建て、一棟ごとに大家をやとって長屋の管理をさせた。

江戸には二万人の大家がいたといわれる。江戸時代の「大家」は、現在のそれと違い、土地や建物の持ち主ではなく、単なる管理人であった。川柳にも「四五人の大家をしかるいいくらし」とあるように、ただ、地主（家主）にやとわれて、長屋の管理をまかされていただけだった。

それでも、大家は店借（店子）の生活の面倒まで見たりして、今でいう民生委員みたいな、いわば、地方自治の下請け役のボランティアをしていた。大家なくして江戸の秩序は成り立たないとまでいわれた存在だった。なのに、その大家も「正式の町人」ではなくて、行政に対する何の発言力もなかった。

ましてや、長屋住まいの熊さん八つぁんたちは、江戸の町の運営や将来とは全然関係もなく、行政とかのむつかしい問題には、無関心でよかった。すべてはお上にまかせて、その日その日を気楽に過ごせればよかった。

江戸の町の治安は、かなり良好だった。火付け盗賊改め（火盗改め）の警察組織が活躍して、凶悪犯罪を摘発し、重罪人は市中引き回しの上獄門さらし首、軽微な罪でも所払い（江戸追放）と、刑罰も厳しかった。町々には警察組織の下働きを兼業しているみたいな「岡っ引き」がにらみを利かし、江戸の入り口には大木戸が設けられて、この都市を出入りする人々を改めていた。

さらに町中の随所に「見附」があって、やぐら門の役目を果たしていた。町々に町木戸があり、番小屋が建てられていた。木戸ぎわには行灯《あんどん》を出して明るくして、通行人の人別をしやすくしてあった。

町木戸には、地主自身が詰める自身番と、番太郎を雇って住み込ませた木戸番とがあった。自身番は火の見や火消し道具を備えて火事や盗賊に備え、木戸番小屋の番太郎は不寝番で、定時に町内を巡回し、とくに「火の用心」の夜警に当たった。番太郎の私宅はとくになく、妻子を番小屋に住まわせていた。

木戸番は最初は町方だけにあったが、寛永六年（一六二九）以降、武家地にも辻番が置かれた。江戸の行政は、このようにして、将軍膝元の城下町を、治安の良い都市として維持することに、とくに力をそそいだ。

人々が肩をすりあわせるようにして生活した江戸の町方、そこには安心な都会としての信用があり、治安の良さと施政者に対する信頼があった。だからこそ、江戸はたびたびの天災人災にもめげずに復活し、ますます発展していったのであろう。

4　過密文化の裏表

江戸の町の人々は、人の集まるにぎやかな場所が大好きで、好奇心旺盛、イベント好きだった。一方、その人たちの住む長屋は、今でいう過密狭小住宅そのものであったから、せっかく暮らしに多少のゆとりができても、人々は気晴らしを住居の中に求めることができなかった。自然、今日一日の楽しみと興奮を外に求めることになった。

過密都市の住人とはいえ、江戸の人々は、四季の変化に敏感で、季節の行楽を生活に取り入れることにも熱心だった。元禄期には早くも、冬は雪見、春は花見に若菜摘み、夏は花火、秋は月見と、四季折々の行楽が生活に取り込まれ、音曲の稽古、芝居見物、見世物見物、名所めぐりと、散財をいとわない息抜きの家庭行事が、年を追って盛んになった。

行楽の距離、範囲もだんだん広がって、寺社縁日の見世物見物から、日帰りの名所めぐりに進み、遠出の旅もするようになった。慶安三年（一六五〇）の最初の伊勢お蔭参りの大流行も、江戸時代の旅行ブームの現れだった。それでも一般には、江戸の行楽の半径は、結局、江戸の内側か、せいぜい、その周辺で完結していた。江戸の人々が自由に生きていたように見えても、現実の世界は江戸の内側に止まっていた。それでも、日本史上、初めての「余暇時代」が始まっていたのだった。

元禄年間、武蔵野と下総国の両国とを分ける隅田川の両国橋詰の西側に、江戸最初の盛り場ができた。

場所を割り振って青物市が立ち、よしず張りの小屋がかかり、見世物小屋、芝居小屋、弓場、休み茶屋が並んだ。大道芸人や物売りが集まり、講釈や辻説法が繰り広げられて、なにかといえば、物見高い大勢の人が寄り集まってきた。夜の隅田川納涼もあって、両国付近はやがて、府内第一の盛り場に発展した。商いに対する法によるきびしい規制がかけられていたので、見物、行楽の人々にとっては、安全な盛り場でもあった。

両国橋周辺は、明暦三年（一六五七）、明暦の大火で死んだ人々を供養する回向院が、川向こうの東詰（向こう両国）に作られた頃から、繁華な盛り場に育ったものである。江戸時代には、地方から仏像神体を江戸に持ち込んで開帳し、布施賽銭を集める出開帳が盛んで、その多くが回向院で施行されたのだった。回向院は、最初から開帳場として知られた寺だったのだ。

両国橋の西の盛り場よりも規制が緩やかで、その代わり西詰よりも格が落ち、ものの値段も見世物の見料も安かったのが東詰だった。それが発展することで、安永・天明年間に、盛り場は最盛期を迎えていく。

こうした江戸の盛り場の活気について、書かれたものはたくさんある。たとえば、宝暦年間の『根無草』には、両国広小路の盛り場が「西瓜売り、水売り、びいどろ細工、すしなどの物売りや、講釈師、軽業、見世物などが賑やかに店を出し、たいへんな雑踏」だったとあるし、『紫の由可理』にも「両国の橋という付近には、いつも大勢の人が集まって、格別な賑わいである。すのこを立て巡らせた腰掛茶屋が岸近くに並んで湯茶を接待し、さまざまの見物もあって」と、盛り場の繁盛にも、江戸の活気はあふれ出るようだった。

江戸で繁栄した盛り場は、多くが有名な神社寺院の周辺に発達し、信心も遊興もと、手前勝手な人々のニーズを満たすために、聖俗二重構造で成り立っていた。

芝明神、上野池之端など、江戸下町周辺の神社や寺院の門前には、ほとんど例外なく盛り場が開かれた。浅草も隅田川の西の有名な江戸の盛り場として、浅草観音の開帳時には参詣人が雲のように集まって賑わった。

人々が、暮らしの気晴らしを住まいの中に置けなかった結果が、身近な銭湯、髪結い床、歌舞音曲の指南稽古に集まり、落語講談、漫才、音曲、曲芸、見世物をはやらせる素地を作った。盛り場の繁盛も、そういった時代のニーズの延長上にあった。江戸の庶民は外に出たときの楽しみ方をよく知っていた。

と、いうようなわけで、静かで神聖な空間であるべき寺社地は、江戸では逆に喧騒と猥雑さに満ちたダイナミックな空間であり、祝祭エネルギーのあふれる空間でもあった。寺社は本尊本体のほかに俗神仏を境内に取り込んで、競って人々を集め、境内を開放して縁日を催したり、地先を貸して人寄せの仲見世作りに協力した。幕府が江戸名物の大火のたびに、防災を兼ねた寺を次々に新築し、その周辺に寺町を作っていた政策も、寺と行楽を結びつける後押しになった。

寺社の境内は、祝祭の縁日には喧騒をきわめた。縁日の境内は、庶民の欲望、願望の集約された場所として、食べ物、着物、文房具、玩具、絵草紙、書画骨董、細工物、大道芸、動植物、南蛮渡りの珍物等、あらゆる品物が並べられて人目を引き、人々の購買欲、消費欲を満たそうとした。

江戸の人たちは、無信仰というのではなかったが、自然宗教信仰というのか、むしろ無宗教で、多くはごく現実的な思考の持ち主だった。来世の弥栄を求めてこの世で毎日節制精進するよりも、今生こそ楽しかれと、現実の幸せを神仏に祈り、栄華な生活を夢見て神仏に願を掛け、ご利益を願うのだった。

江戸の文化はさっぱりと軽快だった。今日を今日として、過ぎた昨日を忘れ、明日を計らず、苦しいときは神頼み、来世の縁は仏様におまかせして、くよくよせず、面白おかしく、洒落のめして日を送るのが最高だった。

「どうもお前の咄は、金魚の糞《ふん》のやうに、馬鹿長く引ずるからじれってへ」（滑稽本『和合《わごう》人《じん》』文政六年〜弘化元年・一八二三〜四四）と、まわりくどい話は人に嫌われた。

それにしても、鈴木春信、葛飾北斎、渡辺崋山……、江戸の画家たちの描いた江戸の一般民衆の顔付は、なんと、のんびりと屈託ないのだろう。小さな眼鼻がとびとびに離れてついた、生活の苦労の少しも見えない「江戸の顔」には、当世の楽天的享楽的だった気風が、写し出されているのではないだろうか。

こうした江戸時代の文化は、以前は前後二期に分けられていた。すなわち、前期を元禄期をピークとする上方文化期と考え、江戸の文化は上方の影響下にあったとする。そして後期が江戸独自の文化が進んだ江戸文化期であって、文化文政期をその最盛期と考えた。

しかし、近年では、江戸時代を三期に区切る方がいいという意見が強くなって、中野三敏（『江戸文化評判記』、中公新書、一九九二）は、次のように区分している。

第一期は、江戸開府から享保の改革（一七一六）までである。最盛期は元禄期で、元禄文化と呼ばれる。ただし、江戸文化は未成熟で、上方文化のリードを許していた。

第二期は、享保の改革後、寛政の改革（一八〇一）までである。最盛期は宝暦〜天明期で、宝天文化と呼ばれる。宝天期になって、いよいよ江戸独自の文化の最初の花が咲いた。

第三期は、寛政の改革後から幕末（明治維新）までである。最盛期は文化文政期で、化政文化と呼ばれ、江戸文化の爛熟期であった。

こう見れば、江戸時代は、ちょうど、十七、十八、十九世紀に分けられることになる。偶然かどうか、「江戸の金魚」を考えるにも、こう三期に分けると、たいへん都合がいい。

江戸文化の成熟ぶりを賞賛する文章はたくさんある。たとえば、俳文集の『風俗文集』（延享元年・一七四四）に

「千里の労なくして松江の鱸《すずき》を味ひ、紡績の功なくして西陣の錦を求む。口のまづき朝は生肴の声有り、腹のふくるる夕べは刻《きざみ》たばこの箱来る。病める時は医師多く、よごるゝ時は湯屋近し」

とある。

要するに江戸にはなんでもありだった。たいして働きもせぬのに、欲しいものは手に入っ

た。地方に住んでいてはできない、はなやかな消費生活を謳歌でき（ると考えられてい）た。極端にいえば、江戸では生産の苦労をせずに、楽しく日を送ることができ（ると考えられてい）た。都市生活の自由さは、生活必需品の小売り、貸し売り、置き売り、質屋もあって、それらをトータルした衣食住の便利さは、地方での生活の及ばぬものだった。

しかし、そういった消費生活を謳歌する一方で、とくに地方から江戸に来て、まだ日の浅い人たちには、これでいいのかと問う気持もあったはずである。江戸人が自讃した近世の大都市江戸の町の生活も、外から醒めた目で見れば、そういいことばかりでもなかった。さて、どんなふうに見えていたのだろうか。

それには、安政の頃（一八五四〜六〇）、さる和歌山藩士の書いた『江戸自慢』の一節を読んでいただくのがいい。江戸人の軽蔑する「田舎ざむらい」が見た、幕末近い江戸の風景がリアルに活写されて面白く、今日の東京をさえ連想させられる。

江戸の町は、つまり、

「一、土薄く水浅くして湿気強く、土は灰の如くにして雨天には泥中を歩むに異らず。夏は日中の暑（さ）殊に烈しくて焼（く）が如く、朝夕は打つて変はつて涼しく終日の雨なれば単衣にては凌ぎがたし。冬は寒気若（和歌）山に三倍し……。晴天には風吹かぬ日は少なし、強く吹く日は土煙り空に漲り、衣服足袋を汚す。眼を明けて往来なりがたし。

一、家屋は至（つ）て粗末にて、上方《かみがた》に似るべくもなし。壁は汚損、泥に粘（り）なく、風雨に堪へがたき故、壁の上を板張にし、瓦をふくも僅（か）に端方ならで土を閉ず。蹴れば瓦は悉く落（ち）るなり。竈は清き粘土を用ゆれど、価貴く、実に土壱升銭壱升と言（う）べし。火に焼（か）るるも江戸の十軒は上方の一軒にかけ合ふ。箸で家建て藁で壁塗るとは、江戸小家の事なるべし。

一、中以下の家は皆二つ竈にて、餅搗《つき》道具なく、碓《うす》なく、風呂焚（か）ず。客火鉢なく、座ぶとん出さず、味噌搗《っ》かず、打盤横櫃《ひっ》なく、物干竿なく……。

一、いかなる端端にても、膳めし、蕎麦屋、しるこ餅、腰掛茶屋なき所はなし……」

と、消費文化に栄えた江戸は、堅実な地方人の醒めた眼で見れば、こうも汚い、住みにくい町でもあった。夢の浮き世を肯定し、見栄と享楽に有り金をはたくのを当世風と見た江戸文化の裏側は、案外にうすっぺらだったのだろう。

三百年にわたる太平の世に蓄積された江戸文化は、やがて、古いものを旧弊として捨てることに熱心だった明治維新を迎えて、大きな挫折を味わうことになる。

現代の東京の世相を、江戸のそれになぞらえて、昭和元禄から平成享保への過渡期だという人がいる。江戸と東京には、奇妙に共鳴する部分があるように思える。

第五章　江戸時代の金魚ブーム

1　江戸で金魚がなぜもてた

江戸時代に金魚が流行した様子を、まず、俳句・川柳を通して覗いてみよう。

先にも書いたように、金魚にふれた俳諧・川柳で記録の残る最も古い句には、寛文七年（一六六七）、『新続犬筑波集』にある万治三年（一六六〇）吟の一句

をどれるや狂言金魚秋の水

を最初として、次に延宝二年（一六七四）俳諧『桜川』の

酒ならでいづみやかへつて金魚舟

延宝八年（一六八〇）『俳諧向之岡』に

影涼し金魚の光しんちう屋

天和三年（一六八三）に『題林一句』

紋金魚水分山の稲妻や

少し飛んで、延享四年（一七四七）の『五元集』に

藻の花や金魚にかかるいよすだれ　其角

びいどろの魚おどろきぬけさの秋　蕪村

つづいて、明和五年（一七六八）の『俳諧觿《はいかいけい》』に

びいどろに金魚の鼻のいきつまり

同じ明和五年の『武玉川』に

びいどろに金魚のいのちすき通り

安永三年（一七七四）『柳樽』に

金魚うりこれかこれかと追つかける

安永七年（一七七八）の『新撰猿菟玖波集』に

金魚屋は泉水よりも浅い家

安永九年（一七八〇）の『川傍柳』に

金魚は一口食て吐いて見る

寛政元年（一七八九）『柳樽』に

らんちうと号し蛙つ子をあづけ

（以下略）などがあり、時代が進むにつれて、金魚の句は際限もなく急に増える。初期の句が多少お澄まし気味だったのに、金魚の普及につれてであろう、詠みっぷりも、だんだん気

軽になってゆく。

十八世紀に入った江戸に、いよいよ金魚の大流行期が到来する。金魚は町々の裏店にも普及して、次第に珍しくなくなってきた。それで、人々に熱心に観察されるようにもなったのだろう。元禄期を中心とした江戸初期の人々が、金魚の美しさ珍しさにばかり気をとられていたようなのにくらべて、金魚の見方も、はっきり進化したようである。

たとえば、赤い金魚が、狂言でもしているように尾を振り、ひれをなびかせて泳ぐといった、形や動きの面白さに眼を当てた大雑把な描写から、江戸も中後期になると、ぐんと描写が細かくなってきた。びいどろの金魚玉の登場と普及によって、ガラス越しに正面から、下から、側面から、間近に自由に金魚を見ることができて、観察も行き届くようになったのだろう。

金魚自体が珍しくなくなったせいもあろうが、金魚を飼う容器として「びいどろ(の金魚玉)」が、一般大衆にも普及したのは大きかった。それまでの金魚といえば、池や生け舟を泳ぐのを、やや離れて水面を通して見下ろすものと決まっていた。それが金魚玉のガラスを通して見るようになって、金魚と人との距離が縮まり、多少よそよそしかった金魚が、ぐっと身近な存在になったはずである。

初期の「金魚鉢」は、水と金魚を入れても女性が指先で下げられるような、小さな金魚玉だった。まだ、そのような小容器しか作れなかったからだが、だからこそ、金魚をなお、間近に見ることができた。初期の「びいどろ」が、いち早く金魚の入れ物に応用されたのは、金魚に親しむ上で、とてもよかった。少し大げさにいえば、そこに歴史の必然も感じられる。

江戸時代に、小さなびいどろの金魚鉢に入れて観賞できる小魚というと、金魚かメダカぐらいしかなかった。金魚ももちろん、「尺に余る」ような高価な大物ではなく、安価な小さな金魚でなければならなかった。こういう楽しみ方が広まったのも、金魚の普及と大衆化と切り離しては考えられない。

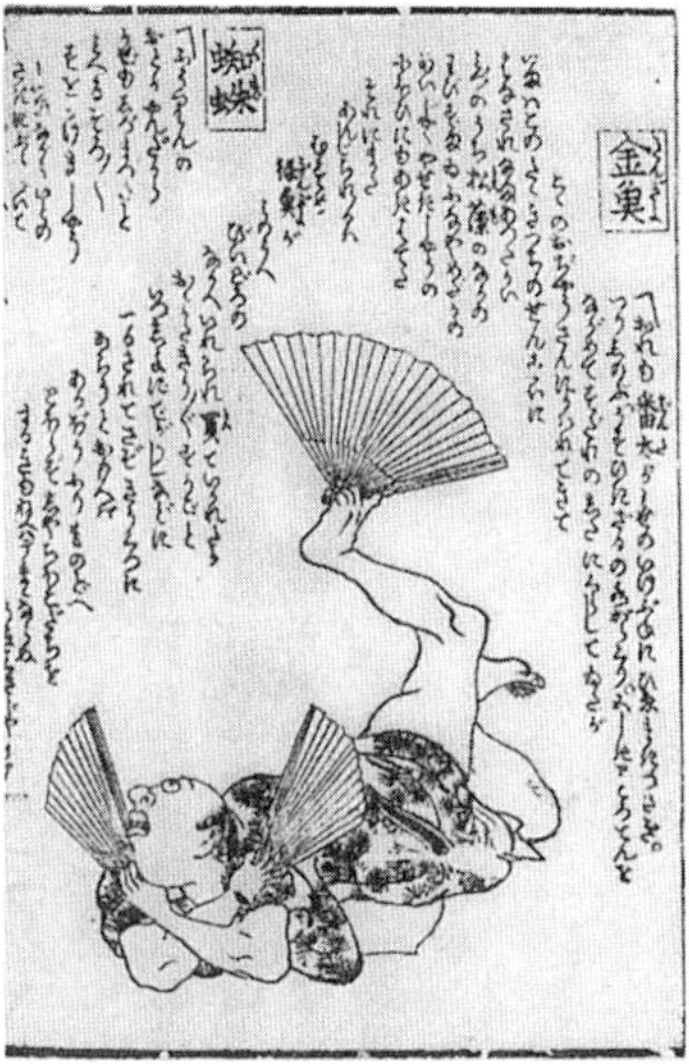

図26　金魚の物真似芸人

顔の前にぶらさげた小さな金魚玉に目を寄せて、ガラス越しの小さな金魚を見るようになって以来、「金魚の鼻のいきつまり」「金魚のいのちすき通り」と、金魚はますます、愛すべき生きものになった。小さな陶鉢や浅い木桶、もっと小さい金魚玉に金魚を入れて、小道具に使った（第三章に見るような）浮世絵が、江戸時代の後期には少なくない。

　こうして金魚は大衆の愛玩の対象として普及し、人々にもてはやされるようになったが、一方で、ぜいたくな華美な生活の象徴としての地位も健在だった。とにかく、江戸のぜいたくの過熱ぶりは、たいへんなものだった。富裕な町人は、衣食住のうちでも衣と住、とくに衣服に奢り、その傾向はすでに元禄時代に著しくなっていた。

『続日本随筆大成別巻1　近世風俗見聞集1』（吉川弘文館）の「むかしむかし物語」（財津《ざいつ》種莢《しゅきょう》）には、

「近年は十四五の振袖も十七八も、三十四十も老女も……帯は幅広くみな〳〵胸高に尻長〳〵と出し、あゆみやうはどた〳〵と身品もなく……是は女ながら器量なき故、皆人の真似ゆへなり、……今は常の女遊女の真似して……」との記載がある。

　また、元禄期の西鶴『世間胸算用』には、「昔は大名の御前方にもあそばされぬ事、思へば町人の女房の分として、冥加恐ろしき事」

とある。

　元禄の女風俗は、堅気の町人の内儀や娘のそれらしくはなく、大名の奥方の真似でもなく、上品とはいいがたい遊女芸者の身なり風俗の真似だった。

　金持ち階級がステータスを誇示し、金持ちでない階級が表面だけ金持ちの風俗を真似して、結局、見た目の派手な社会が形成される。十九世紀末アメリカの社会学者ソーンスタイン・べブレンが「みせびらかしのための消費」といった、まさにそれであろう。素人の女性が商売女の風体の真似をしたがる、軽佻浮薄な時代、表面の華美を好む時代の風潮にも、キラキラ金色に美しく光る赤い金魚が、似合っていたのかもしれない。

同時に、長屋住まいの貧しくせまい生活空間に楽しみを引き寄せる対象としても、金魚玉に入った赤い小さな金魚はぴったりの相手だった。メダカにも、カエルにも、カメにも、金魚の代わりがつとまったとは思えない。もし金魚がなければ、小さなガラス鉢に生きものを入れて楽しむ流行も江戸時代にはまだ起こらず、そんな習慣も生まれてこなかったかもしれない。

文政七年（一八二四）の『柳樽』の

　裏屋住つき出し窓に金魚鉢

の一句は、まさに、江戸時代の金魚の普及ぶりを余すところなく伝えてくれる。

2　びいどろの金魚玉

天文十八年（一五四九）といえば、スペイン人宣教師フランシスコ・ザビエルが、薩摩の国で、日本で初めてのキリスト教の伝道を始めた年であった。

のちに徳川家康となった岡崎城主の嫡男、松平竹千代が、駿府の今川義元のもとへ人質となっていった年でもあった。甲斐の武田、越後の上杉、尾張の織田……、言い古された表現だが、天下は麻のように乱れた戦国時代だった。

ザビエルは、翌天文十九年、山口や京都に伝道し、山口城主大内義隆にガラス器や鏡、眼鏡などを贈った。これが日本にガラス器のもたらされた、そもそもの始まりとされる。

イタリア人宣教師、ガスパル・ビレラが故国への手紙に「堺の町は広大にして、ベニスのごとく執政官に治めらる」と書いたのは、それからまた十一年後の永禄四年（一五六一）のことであった。

そのまた八年後の永禄十二年（一五六九）、六年前に、ポルトガル船に乗って長崎に入港したポルトガル人宣教師ルイス・フロイスが、京都で織田信長に拝謁し、ガラスのフラスコを贈った。

イルマン・ジョアン・フェルナンデスが、名著『天草版羅葡日対訳辞書』に「コガネウオ」の一項を収録した文禄四年（一五九五）は、ザビエルがガラス器を大内氏に献上してから、四十五年ののちである。

日本のガラス器の歴史は、欧州各国の宣教師が次々に来日して西洋の文物を競って伝えた時代に舶来品として始まり、江戸時代が到来すると、はげしい勢いで急発展した。器用な日本人が、ガラス器の製法をマスターして、自作できるようになったからである。ガラス製造は江戸時代の町方で盛んになった零細な家内工業、居職の発展ともうまくフィットしたのだった。

江戸時代、ガラスは「びいどろ」、または「ぎやまん」と呼ばれた。「びいどろ」はポルトガル語のヴィドロ、「ぎやまん」はオランダ語のディアマンテの日本語読みで、どちらも当時のガラスの意味であった。

ついでにいえば、現在の日本語になっている「ガラス」は、もちろん、英語のグラスが語源である。グラスが「ガラス」と呼ばれて日本語になったのは、明治維新以後、ガラス工業の近代化を目指してイギリスの技術指導を受けて以来のことであった。ただし、それ以前からガラスの漢字に「硝子」を当ててきたのは、人々が、ソーダガラスの原料が硝石であることを知っていたからでもある。江戸時代には、「硝子」の字に「びいどろ」「ぎやまん」と、振り仮名をつけていた。

日本でガラスの製作が始まったのは、「びいどろ」が初渡来してから約百六十年後の正徳年間だった。『和漢三才図会』には、正徳三年（一七一三）に長崎、大坂でびいどろを製作していたとある。

文政十三年の『嬉遊笑覧』に「今も浅草に長島半兵衛といふ硝子師（びいどろ）師あり年七十余なりこの養父を源之丞といふ江戸にて硝子を吹き初めたるはこの者也といへり……」とある。文政十三年から仮に八十年さかのぼるとすれば、江戸でびいどろが初めて作られた年代は、一七五〇年頃、寛延から宝暦への境目あたりだったとも考えられる。

加藤孝次氏は『江戸期のガラス』に「びゐどろも寛保延享までは手遊びの小徳利のみにて、色ももゑぎと黄、白ばかりにて、甚うすきびゐどろにて有し、それより宝暦ごろ、びゐどろ師萬右衛門と云者、初て紫色を吹出し……」という、『寛保延享江府風俗志』の一文を紹介し、（この書物の出版された）「明和五年（一七六八）には温度計や金魚玉の類も江戸でつくられている」と書いている。江戸時代のちょうど真ん中頃である。

俳諧川柳のうちでびいどろの金魚玉に泳ぐ金魚を詠んだ早期の句のうちの

びいどろに金魚の鼻のいきつまり

びいどろに金魚のいのちすき通り

は、どちらも偶然、右の『寛保延享江府風俗志』の出版と同じ、明和五年の作であった。

このようにして、十八世紀の後半には、長崎、大坂、京都、江戸で盛んにびいどろが作られていた。主なびいどろ製品は、小さな徳利、皿小鉢、風鈴、そして金魚玉と呼ばれた小金魚鉢。当時のびいどろ工場や職人を描いた図の片隅には、さりげなく金魚玉が描き込まれている。それだけ、金魚玉の需要も多かったのだろう。ここからも、江戸の金魚の流行ぶりが窺われる。

江戸の町方に大勢住んでいた居職（家内工業）のうちには、びいどろを吹く職人もいて、その作業の音も、裏店のどこかでは聞こえていただろう。一人二人から、せいぜい数人までの職人が、広くもない長屋の土間に簡単な設備をしつらえて、熟練に熱心さが加わった技術で、小物中心のびいどろ細工が作られていた。

びいどろの金魚玉は、風鈴、小瓶などと並んで、零細な居職の製品にぴったりだった。流行の金魚にあやかって、すぐさばける商品だったのなら、なおのこと、熱心に作られたことだろう。

幕末が近づくと、びいどろの製作にも、時代なりの大手業者が現れた。

江戸でのびいどろ創始者の一人で、びいどろ製造販売の大手業者となった加賀屋は、自家製品のカタログに当たる「引札」を発行していた。加賀屋の引札は、文政年間のが初版で、再版が天保年間であった。

加賀屋の引札には、さまざまなびいどろ製品、とくに加賀屋が得意としたメスシリンダーなど、精密な化学医薬用の器具などが、紙面いっぱいにぎっしり描かれている。それらのガラス器にまじって右端下段に、球形をした大きめの「金魚玉」が描かれ、小さな金魚も二ひき描き添えられている。左側の下段にも、首長の花瓶の上部にワイングラスをつないだような奇妙な形の容器の中に、上に一ぴき、下に二ひき金魚が描かれている。ネームは「水燗」と読める。

明治前の骨董品には、こんなふうに、上下の「魚だまり」を細長い首でつないだ妙な形の金魚鉢がある。金魚の飼育容器としては不自然な形だが、金魚が細首の部分をひらひら上へ下へと泳ぐのを見て楽しもう、とかいう趣向だったのだろうか。

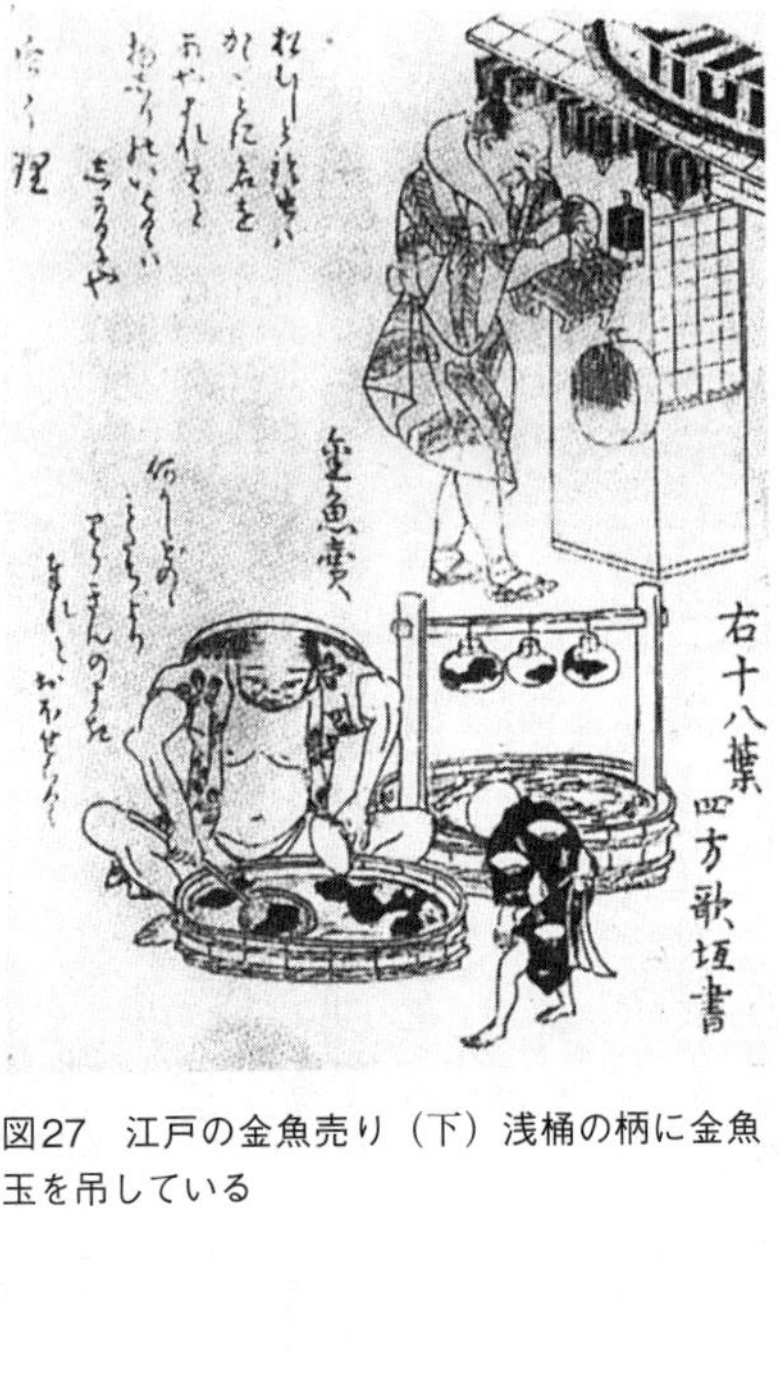

図27　江戸の金魚売り（下）浅桶の柄に金魚玉を吊している

といっても、江戸時代の金魚玉に、たいしてバリエーションがあったわけでもあるまい。当時の絵図に描かれたそれは、ほとんどが球形か、上下にやや平たくした上端を引き伸ばしすぼめて口としただけの簡単な形をしていた。細くすぼめた口も、平らな底もついていない風鈴形の、ごく素朴な金魚玉もあった。それを台や棚の上に置いたり、口径より長い木の棒を内側から横に突っかかい棒として当てがい、棒の真ん中に紐をつけ、風鈴と同じような感覚で、軒に吊したり、手に下げて持ち歩いたのだった。

金魚玉は、初めのうちは、せいぜい、大人の握りこぶしほどの大きさの小容器だった。大きなものは作れなかったのだろう。そのうちに、だんだん大きな金魚鉢も作れるようになり、加賀屋の引札に描かれているような、床面に置いて使える背が高くて真ん丸な、立派な金魚鉢や、前述の「水燭」も作られた。それはもう、江戸も終わりに近くなってからである。口のへりに青や緑色のフリルをつけた、あの金魚鉢も、江戸時代にはまだなかった。

それでもこうして、金魚鉢のガラス越しに四方八方から金魚が眺められるようになって、錦絵の美女が、手に下げた小さな金魚玉の小さな金魚を見る眼差しにも、金魚への好奇心と親近感が窺われるようになった。見られる側の金魚も、より美しくなったかもしれない。

小さな金魚ならば安価であるし、小さな金魚玉ならせまい場所にも吊せる。びいどろの中の金魚に目を寄せれば、いっとき、浮き世の憂さも忘れられた。金魚玉の金魚こそ、過密都市江戸文化の申し子だったのではないか。

金魚を腹から見せるびいどろ屋

竜宮の支配とどかぬ金魚鉢

もう一度、

裏屋住つき出し窓に金魚鉢

3　園芸時代の江戸と金魚

金魚が流行した江戸時代は、園芸の時代でもあった。

金魚と園芸には、似たところがある。園芸は、農業に似て農業とは違ったものであり、それはちょうど、金魚養殖が水産業のようでありながら、水産業とは一線を画している事情と似ている。職業形態としての金魚養殖は、水産業よりはむしろ農業に近い。

園芸も金魚も、全体の生産性を重視するよりも、個々の品質向上と個性のポリッシュアップに主眼が置かれる。過剰なまでに世話を焼き、一ぴきずつの特徴や相違を大切にし、同質性よりも異質性の強調を重視する。江戸時代の園芸熱と金魚熱には、どこか共感するところが少なくなかったのではあるまいか。

日本人が園芸植物ではない、自然の花を愛でる習慣は、江戸時代に始まったのではなかった。

十五世紀、室町時代の上流社会には、花を生け、花を観賞する習慣があった。しかし、花の咲く草や木をえらんで植栽し、手塩にかけて育てた姿や花の美しさを観賞するようになったのは、江戸時代からである。それが庶民の手にも届くようになったのは、元禄〜宝永（一六八八〜一七一一）以後だった。

金魚の流行が始まった同時代に、園芸趣味も一般大衆の心を捉えるようになった。金魚の流行と歩調を揃えるようにして、園芸熱も高まった。江戸の人々が花や観葉植物をめでる気持は、なかなかのものだった。春の梅、桜に始まって秋の菊見まで行楽の対象にもかかさず、荒川堤の桜草、亀戸天神の藤、堀切の花菖蒲と、人々は花の名所や花にまつわる行事を訪ね歩いた。そして、長屋の周囲に持ち込んだ小鉢の草花を熱心に、ときにほとんど熱狂的に育てた。それもまた、江戸文化の一つの側面であった。

江戸の園芸熱は、他の多くの趣味と同様、上方の影響を受けて始まった。花の種子も苗も園芸技術も、最初は京都を中心とする上方から伝わった。

江戸初期の京都で「北野の植木やは色々な樹木を大小好みに応じて売っている。あらゆる果樹や花木で、そこにないものはない。草ならば、花の咲く種類はすべてととのっている」と、『雍州府志《ようしゅうふし》』（黒川道祐《どうゆう》、貞享元年・一六八四）にある。京都は園芸文化の発信地であった。

延宝年間（一六七三〜八一）になると、江戸でも北の郊外の染井村に「花戸」と呼ばれた園芸業者が急に増えた。なぜ「花戸」が急増したのかは、はっきりしない。桜の品種の「染井吉野」でも名高い染井は、江戸の園芸文化の発祥地でもある。現在ではＪＲ山手線駒込駅と巣鴨駅の西に当たり、豊島区駒込と巣鴨にまたがって、染井霊園が有名である。もちろん、今は「郊外」といえるような場所ではなくなった。

染井に次いで下谷池ノ端、芝明神、四谷伝馬町などにも、江戸時代から植木屋があった。寛文十一年（一六七一）の絵図『寛文図』の不忍池畔に「ウエキヤ」の書き込みがあることは後述する。『寛文図』の研究者小森隆吉氏は、この「ウエキヤ」は露店だったのではないかと教えて下さった。

江戸で園芸が盛んになったのには、指導者としての知識と力量を備えた熱心な園芸家が次々に現れて、とくに花卉花木の種類や栽培法を具体的に指南する権威のある園芸書を次々に出版したのが、大きな力になったのであろう。

もちろん、どんなに立派な指南書が出版されても、受け手がそれを読みこなせなければ意味はないが、江戸の園芸流行の背景には、幸いなことに、学問のある旗本や御家人などの、身分や立場を越えた参加と支持があった。寺子屋などの教育普及による、教養と識字力の向上も無視できなかったはずである。武士階級の参加には、武家屋敷の広い敷地の活用という側面もあった。

初期の江戸の園芸書で有名なのが、旗本水野元勝の『花壇綱目』である。明暦三年（一六五七）の序文があって、二十四年後の天和元年（一六八一）に出版された。ちょうど、五代将軍綱吉と側用人柳沢吉保が日本史に登場した年であった。

水野元勝につづいて、伊藤伊兵衛の活躍が有名である。伊藤伊兵衛は、代々、江戸の染井村に住んだ篤志な植木屋で、もとは農民だった。染井にあった藤堂高久の下屋敷に出入りして、庭木を手がけるようになり、やがて植木屋が本職になった。代々「伊兵衛」を名乗り、いずれも勉強家で、すぐれた文章力も画才もある、学識経験豊かな本草研究家でもあった。

江戸園芸書の一方の名著とされる『錦繡枕《きんしゅうまくら》』（五冊、元禄五年・一六九二）は、三代目伊藤伊兵衛三之丞の著作であって、水野元勝の『花壇綱目』以来、十一年後の出版だった。

また、『錦繡枕』の三年後に出版された『花壇地錦抄《かだんちきんしょう》』（六冊、元禄八年・一六九五）も、伊兵衛三之丞の著作だったが、その後を四代目伊兵衛政武にゆずり、『増補地錦抄』『公益地錦抄』『地錦抄附録』など、これも有名な合計二十四冊もの園芸書は、四代目政武の著作だった。これらはただ、栽培植物だけをまとめた書物ではなく、観賞価値のある野生植物も、薬草も、できるだけ網羅しようとした、大きな苦心の窺われる、野心的なりっぱな書物であった。伊兵衛政武は、この一連の園芸書を世に出すのに、三十九年をかけている。代々の伊藤伊兵衛は人望もあり、染井の伊兵衛の花園には、四季にわたって訪問客が絶えなかったという。

伊兵衛三之丞が『花壇地錦抄』を出版した三年後、元禄十一年（一六九八）に、筑前黒田藩士貝原益軒が『花譜』を出版した。花卉花木に関する知識と栽培法を、さらにくわしく具体的に指南した三巻本である。その序文には「君子が花卉を愛するのは、ただ美しい色や形に熱中するだけではなく、天地生物の気象が花という物に現れるのを見ようとするためである。したがって花を愛し、花を見たいと思うならば、それを養い育てる方法を知らねばならぬ」とある。

江戸時代の園芸に関する書物は、以後も次々に出版されたが、いずれも実用書としてだけでなく、園芸の精神や意義についての主張を、読者に向かって熱心に語りかけているところにも注目したい。「なぜ、人は花を愛でるのか」を説く園芸書が、身分もさまざまな著者によって、次々に出版されたところに、江戸時代の園芸趣味の広がりと盛り上がりぶりが暗示される。

貝原益軒の『花譜』に遅れること、五十年後に、『金魚養玩草』が出版されている。江戸の園芸熱は、江戸文化の最盛期といわれた文化文政期、江戸時代の園芸熱の決定版といわれた、朝顔の流行期に重なって頂点に達した。

江戸時代は、日本全人口の八〇％以上が、農林水産の一次産業に従事した、まぎれもない「農は国の大本」の時代だったから、都市社会も、すべて、周辺農村を通じて一次産業に組み込まれていた。周辺農村と切り離されては成り立たなかった。

士農工商という身分制度は、江戸の町方では、時代を追って、いわば建前になっていった。田畑を耕したり、生活のための内職に励む下級武士も大勢いたし、都市に入り込んで生活苦を逃れようとした農民も大勢いた。幕府は都市での農民の行商を禁じ、住居の移動を制限して、農村から都市へ向かう人の流れを妨げようとしたが、都市に流れ込む人々の足を止めることはできなかった。

一方で、都会に出ても、農民が農民の心を捨て去ることはむつかしかっただろう。農業の経験を生かそうとしたかもしれない。野菜や草花の苗売りは江戸の代表的な行商の一つだった。季節の到来とともに、町々を苗売りが歩いて、草花の苗はもちろん、万年青《おもと》などの観葉植物から野菜苗まで売れた。人々は、狭苦しい裏町のわずかな空き地を利用して野菜を植え、草花を育てた。陶器の植木鉢が普及してからはなおさら、せまい空間で上手に植物を育てるのが、上品な江戸趣味ともされるようになった。

とりわけ、菊や朝顔ならば、裏長屋の路地に鉢を並べても作れる。場所もいらず、さして、金もかからない。その気になりさえすれば、零細なその日ぐらしの貧乏人にも、だれでもすぐ始められた。江戸にはうってつけの趣味道楽だった。

公然とは物売りに従事できなかった武士階級も、知識と熱心さがあれば屋敷内でもできる箱物鉢物の植物栽培を内職の対象にしただろう。現に、上野不忍池から遠くない現在の御徒町では、江戸後期、御家人が朝顔作りの小遣いかせぎをしていたという。そしてもしかすると、金魚の流行の舞台裏にも、そういう側面がありはしなかったか。

そういうわけで、『寛文図』を見て、上野黒門付近から池ノ端の不忍池畔の寺社地や旗本の屋敷のあいだに、小さく「ウエキヤ」の書き込みを発見したときは、胸がときめいた。寛文年間は、「上野池之端（の金魚屋の）しんちう屋」の名が初めて見える延宝年間の一代前でしかないから、上方の小説家井原西鶴のお陰で、「しんちう屋」の名前ばかりが有名で実体不明の江戸の金魚屋の素姓を知る手掛かりも得られるのではないかと、期待したのだった。

結果として「ウエキヤ」と「しんちう屋」の接点については、何の手掛かりも得られなかった。江戸時代の園芸の歴史にも、金魚との具体的な関わりは、発見できなかった。ただ、上方は、金魚と鉢植えの植物が、同じ金魚屋の店頭で販売されていたので（「天満天神金魚屋」一八〇～一八一ページ）、江戸の町でも園芸植物と金魚が同じ店先に同居する、こういう光景も見られたのではあるまいか。

4　江戸の町の金魚売り

川柳『柳樽』に、

金魚うりこれかこれかと追つかける　（安永三年・一七七四）
わんぱくさ金魚を買つて料るなり　（文化二年・一八〇五）
びいどろの中で泳ぐを猫ねらひ　（文化二年）
つかむ子の棹はとられぬ金魚舟　（文化十一年・一八一四）
蚊になつて金魚売りを食つてやる　（文政二年・一八一九）
金魚売網代の魚や籠の蟹　（文政十年・一八二七）

金魚の荷更紗の下へ緋を重ね　（天保七年・一八三六）
豆腐屋に金魚をねだるがんぜなさ　（天保八年）

ついでに狂歌一首、

ぼうふらでそたてあけたる金魚売まけめと首をふつてこそゆけ　（安政二年・一八五五）

「金魚売」には「錦魚売」という字を当てることもある。江戸で金魚の行商がいつから始まったのかは判然としないが、遅くとも十七世紀半ば過ぎには、金魚売りの呼び声が江戸の町中を流れていたはずである。

江戸では、庶民が買い求められるような安価な金魚は、こうして町中を売り歩く「振り売り」に売り捌かれて普及していった。初夏の風が吹く時分になると、暑い真夏の日盛りの下を、遠くからのどかな呼び声をたて、近くではバシャバシャ浅い水桶をゆすって、水音をたてて来る金魚売りには、涼しげな季節感がこもっていたに違いない。

こうして、だんだん、庶民のものになった金魚は、振り売りの肩にかつがれて町を流して売られただけでなく、案外早くから、盛り場や縁日の路上に荷を置いて、浅桶を並べて売られることもあった。道端で売られる愛らしい赤い金魚は、女性や子どもの目を引いて、人気があった。

講談社『秘蔵浮世絵大観1　大英博物館I』（一九八七）に収められている「江戸風俗図

巻・上野の図」は、西山松之助氏によれば、享保五年から翌六年（一七二〇〜二一）に描かれた絵巻物で、上野広小路から上野の山へ行く道端で商いをする、金魚売りの姿が描かれている。

また、『科学と趣味から見た金魚の研究』には、西川祐信描く「風流なぞ絵尽（くし）・京都の夜店の金魚売り」の絵があり、解題に、元文年間（一七三六〜四一）のものとある。「風流なぞ絵尽」というのは、画面の一部に「なぞなぞ」が書き込まれていて、絵柄を見ながら「なぞかけ」と「こころ（ヒント）」と「なぞとき」を読ませて、クスリと笑わせる、今でいうコミック漫画みたいな一枚絵である。

縁台の上には金魚の入った中小の浅桶が並び、金魚屋の足元に大振りの桶が置いてある。台上に「きんぎょ安売」と字のある行灯看板も立てて、余白には「金魚の子とかけてちん苧《そ》とく心はうむと銭になります」と書かれている。

苧＝ちょは、植物のカラムシ、またはその繊維のことである。カラムシは、樹皮をはぎとって編んで麻紐にし、樹皮をほぐした繊維を織って麻服にした。しかし、この「なぞなぞ」自体の意味は、残念ながら、よくわからない。

林美一『江戸看板図譜』にも、（よく見ると細部が違う）ほぼ同一の絵図が、「享保頃の京都の欠題なぞ絵本にある京都の夜店の金魚売り」と解説がついて、紹介されている。当時、たぶん同一趣向の絵がたくさん流布していたのだろう。

三谷一馬『江戸商売図絵』には、安政二年（一八五五）歌川広重「狂歌四季人物」の絵だという「金魚うり」の図がある。天秤でかついできたらしい浅桶を二つ、前の地面に置いて、菅笠をかぶって煙草入れを腰に下げた金魚売りが、こちらに背を向けてしゃがみ、長柄の小さな玉網で「りうきん」のような金魚をすくおうとしている。桶の向こう側に金魚を買いにきた男の子が一人、陶器の鉢をしっかり抱えて立っている。金魚売りと男の子の服装も

図28　西川祐信「風流なぞ絵尽・京都の夜店の金魚売り」

図29　広重「金魚うり」三谷一馬『江戸商売図絵』

面白い。この当時、親は子に、こんな入れ物を渡して金魚を買いにやらせたのか。

喜多川守貞『守貞漫稿』（復刻版）に、次の一文がある。

「錦魚は紅色の小魚／池中及び盤中に蓄て観物とす／三都とも夏月専ら売之……丸つ子朝鮮等貴価の者は三五両に至る／又此売京坂は必ず各々白木綿の手甲脚半甲掛を用ふ／江戸は定扮なし／又京坂は金魚桶上に柳合利（行李）一ケを置く是皆旅人に扮する故也／而かも三都とも各畜之を制する元店あり」

京都の金魚売りは、旅人を思わせるような、制服めいた装束をするものと、きっちり決まっていたのに（一三六ページ）、江戸ではそうでなかった。ただし、なぜ、京都の金魚売りが、旅行者まがいの格好で商いをしなければならなかったのかは、わからなかった。

江戸の金魚売りも、他の行商一般と同じく上方の流れを汲んで始まったのであろうから、商売上の風体も、本来は京都のそれにならっていたはずである。しかし、大体が江戸での商

図30　豊国「夏姿物売見立」「金魚売」（左）

売には、もとからの決まり事に対して省略や改変が多かった。とにかく、江戸では服装風体にこだわらなくても、自由に金魚を売って歩けたということらしい。

　文化年間の歌川豊国の錦絵「夏姿物売見立」三枚に、「虫売」と並んで「金魚売」の図がある。有名な絵である。金魚の入った浅桶を路上に置いた行商人が、歌舞伎役者が舞台で見得でも切っているように、あごをそらせた図柄である。錦絵の誇張かもしれないが、浴衣掛けの肩をたくし上げた、いなせな感じの若者は、堅気の金魚売りには見えない。「金魚売」という職業を、格好良い商売と見る向きもあったのか。

江戸の町の辻々にあった番小屋でも、（ときには家族といっしょに）住みこんでいた辻番（番太郎）が、金魚を売っていた。

岸井良衞（編）『岡本綺堂江戸に就ての話』という本がある。捕物帳作家の先駆者、岡本綺堂のベストセラー『半七捕物帳』ほかの遺作から、江戸時代の風俗風物を抜き出して一冊にした労作で、安政年間という、こんな話も紹介されている。

「番太郎《ばんたろう》　むかしの番太郎といふのは、まあ早く云へば町内の雑用を足す人間で、毎日の役目は拍子木を打って時を知らせてあるくんです。番太郎の家は大抵自身番のとなりにあつて、店では草鞋でも、蠟燭でも、炭団でも、渋団扇でも、なんでも売つてゐる。つまり一種の荒物屋ですね。そのほかに夏は金魚を売る、冬は焼芋を売る。……あんまり幅のきいた商売ぢやありませんが……」（「半七・半鐘の怪」）

これはたぶん、喜多川守貞『守貞漫稿』の「又此番小屋にて草履草鞋箒の類ひ鼻紙蠟燭瓦火鉢の類……又冬は焼いも薩摩芋を丸焼にし夏は金魚等をも売る又常に麁菓子一つ価四文なる物を売る……番太郎菓子と云京坂に云駄菓子也」をアレンジしたのではあるまいか。『半七捕物帳』に「番太郎の家は大抵自身番のとなりにあつて」というところが、史実とは違うようだが、金魚の話とは関係ない。

もう一つ、

「金魚　昔も寒中に金魚をながめてゐた人もあつたんですよ。……天水桶の金魚は珍しくもありません。大きい天水桶ならば底の方に沈んで、寒いあひだでも凌いでゐられますからね。今日では厚い硝子の容れものに飼つて日あたりの好いところに出しておけば冬でも立派に生きてゐます。しかし昔はそんなことをよく知らないもんですから、ビードロの容れものに金魚を飼ふなんて贅沢な人も少かつたやうです。たまにあつたところで、それはやつぱり夏場だけのことでした。ところが、又いろ〳〵のことを考へ出す人間があつて、寒い時にも金魚を売るものがある。それは湯のなかで生きてゐる金魚だといふんだから、珍しいわけですね。文化文政のころに流行つて、一旦すたれて、それが又江戸の末になつて鳥渡《ちよつと》流行つたことがあります」（「半七・冬の金魚」弘化三年〈一八四六〉ごろの話と出ている）。

元来、夏だけの季節ものだった金魚が、幕末には冬も飼えるようになっていた様子が窺われる。

5　江戸の金魚の元店はどこに

振り売りや番太郎の売る金魚には、そう高価な品物があったとは思えない。しかし、振り売りや番太郎の売る、いい加減な、安物の金魚ばかりが金魚ではなかったはずである。先にも少し紹介したように、金魚屋のまわりに子どもが群がったり、女性が桶の中の金魚をのぞき込んでいる、さまざまな構図の江戸時代の錦絵はたくさんあるが、それらはほとんど振り売りか、せいぜい露店。つまり、路上の金魚売りの図であって、店舗を構えた金魚屋の図ではない。

店舗を構えていたらしい江戸の「金魚屋」にふれた最も早い記録は、『江戸雀』(延宝五年・一六七七)にある「金魚屋」のようである。でも、それがどんな「金魚屋」だったのか、屋号も書かれていず、具体的なことはまるっきりわからない。

もっとも、三年後の『俳諧向之岡』に、「影涼し金魚の光しんちう屋」の注釈に「延宝年中より名高き金魚商人なりし事、此の句にて知らる」とあるところから見ると、『江戸雀』の「金魚屋」も、あるいは、不忍池の「しんちう屋」のことだったのかもしれない。

喜多村信節『嬉遊笑覧』の「江戸の金魚屋」の項には、「江戸にはそのかみ金魚屋も少かりしなるべし／[江戸鹿子]に上野池の端しんちうやとあるのみなり／西鶴が[置土産]に江戸下谷の条黒門より池の端をあゆむに／しんちうや市右衛門とてかくれもなき金魚銀魚を売ものあり……」と、要するに「昔は江戸の金魚屋は少なかったのだろう。ただ、しんちう屋という有名な金魚屋があったと聞くだけ」と、江戸末期になってさえ、およそ百四十年も前の元禄時代の『西鶴置土産』を引用するだけで、お茶を濁している。

「そのかみ……少なかりしなるべし」とはいっても、では『嬉遊笑覧』の書かれた幕末近い天保年間にはどうだったのか。これが全然手掛かりがないのは残念だが、この記事は半面「上野のしんちう屋」が、江戸時代を通じて、それほど有名な実在の金魚屋だったことを意味するようにも思われる。
『江戸雀』から十年後の『江戸鹿の子』にも、十三年後の『江戸惣鹿の子』にも、「金魚屋下谷池之端、しんちう屋」と登場し、さらに『西鶴置土産』で「かくれもなき」と追い討ちをかけられている「しんちう屋」のことはさておき、振り売りや番太郎に金魚を卸す問屋や、もっと高価な金魚を扱う金魚屋が、他にも、江戸のどこかにあったはずである。それが、まったく、資料に出てこないのは、不思議なことである。

『和漢三才図会』に「筑前及泉州堺多有養之者以販于四方」とあるところからは、江戸時代中期、十九世紀半ばまでの金魚の養殖は、江戸には少なくて、上方の堺や九州博多など、中国に向けて開かれていた港町の周辺が本場だったのかとも思われる。

江戸時代の金魚の飼育書は多くなかったらしい。今も残されているのは、安達喜之『金魚養玩草』と、たぶん同一著者の『金魚秘訣録』、それから観魚亭主人『金魚名類考』ぐらいのもので、しかも、書籍の体裁をしていたのは『金魚養玩草』だけ、あとの二篇は折本（一枚の紙を折り畳んだもの）だった。その上、これら三冊の発行所は、そろって上方にあった。安達喜之は大坂・堺での金魚飼育の経験をもとに、『金魚養玩草』を書いたと伝えられる。

他に北村援琴《えんきん》の『築山庭造伝《つきやまにわつくりでん》』（享保二十年・一七三五）に、金魚池（泉水池）の作り方や金魚の飼い方が書かれているというが、筆者はまだ見ていない。

『守貞漫稿』（復刻版）に「三都とも各畜之（金魚売り）を制する元店あり」と書かれた「元店」とは、いったい、どんな店で、江戸のどこにあったのだろうか。江戸の高級金魚は、どのような店で売買されていたのだろうか。

「そのかみ」はともかく、金魚熱がますます盛んになった十八、九世紀、江戸の「金魚の元店」の記録は、見出すことができなかった。

これが上方なら、たとえば『絵本家賀御伽』に描かれた「天満天神金魚屋」という、裕福そうな店構えの金魚屋があった。

「天満天神」というからには、大坂でも目抜きの場所の繁華な町中に店を構えて、高級金魚も扱っていたのであろう。絵には、店内の土間に金魚の入った四角な浅い生け舟と、高価そうな大きなサボテンや、枝ぶりのいい松の木などの鉢植えが並んで置かれて描かれて、こうした金魚屋が植木や花卉も扱っていたとわかる。

また、江戸時代中後期に、洒落本を書いていた有名な近松徳三という戯作者がいる。享和二年（一八〇二）に大坂で上演された近松徳三作の『傾城《けいせい》廓源氏』には、四歩市、ちょぼ市、糟市と呼ばれる三人組の座頭が、さる金魚屋へ借金の取立にきて、店先で「大事な官金じゃぞ」と声高に怒鳴っておどす場面がある。「官金」は「盲金《めくらがね》」ともいい、江戸時代の盲人が末は検校に達する官位を得るために納める金のことだった。盲人の特権として、公儀の金子を高利で貸すことが公許されていた時代であった。

芝居の中での事件とはいえ、金貸し座頭におどされているほどの上方の金魚屋は、ある程度は、高価な金魚を扱う裕福な商人だったのではあるまいか。

少し飛んで、天保年間の大坂には「たどんや」淡路屋卯兵衛というその道では知られた熱心な金魚屋が実在していた。天保の頃から、大坂では金魚、とくに「らんちう」の飼育が流行して、好事家やプロの金魚屋のあいだで、毎年金魚（品評）会が開かれていた。

図31　『絵本家賀御伽』の「天満天神金魚屋」

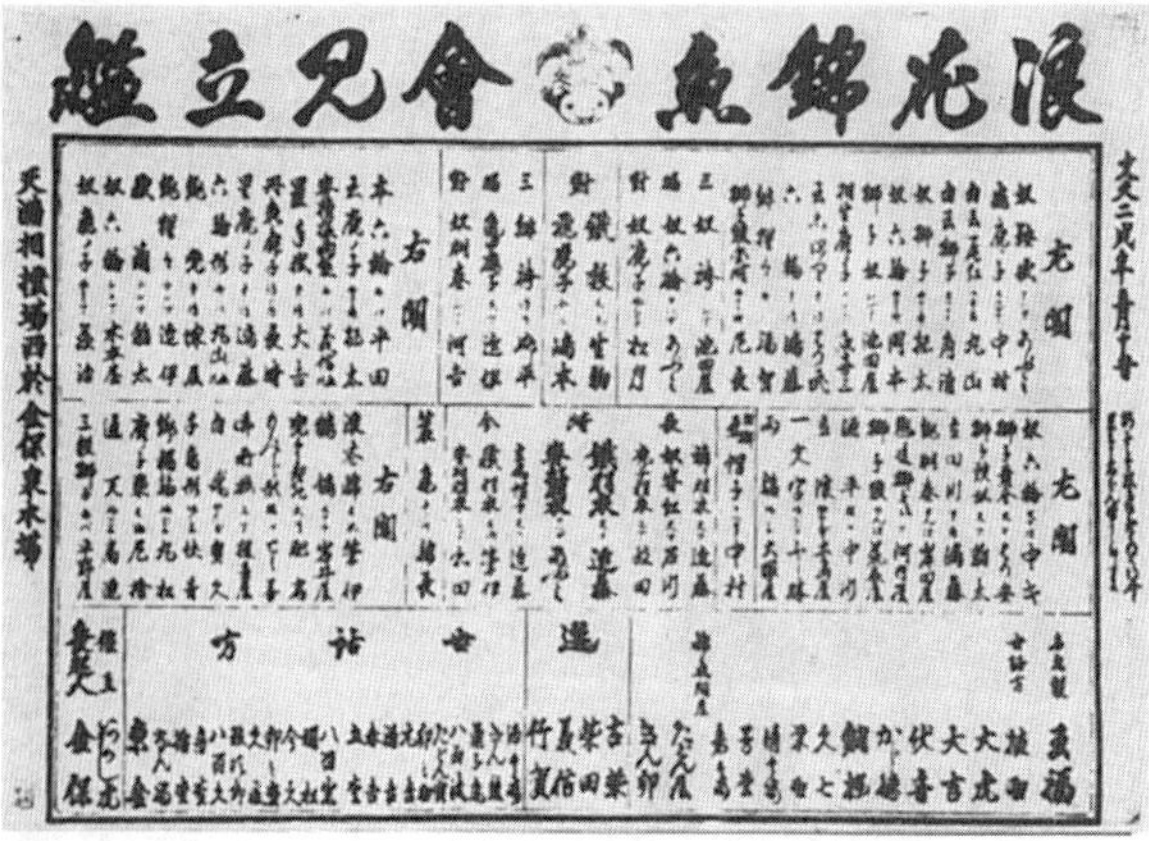

図32 「おほさからんちう」の品評会番付「浪花錦魚会見立鑑」

安政二年（一八五五）に大坂難波新地で開かれた金魚会には、世話人として、「たどんや」淡路屋卯兵衛のほか、明石寅、勝間の分佐、金普など上方の金魚屋の名が並んでいる。

相撲番付に見立てた、金魚番付もあった。文久二年（一八六二）五月、大坂天満相撲場付近の泉水場で開催された「おほさからんちう」の品評会の「浪花錦魚会見立鑑」は、そうした古い金魚番付の一例である。

町を流す金魚売りがどんな金魚を売って歩いたかといえば、『東都歳事記』に「四月晦日当 月より、金魚・ひごひ・麦魚《めだか》等街を売りあるく。金魚にわきん・らんちう・三つ尾・ふな尾（小なるはいづれもくろし）・さらさ（まだらをいふ）数品あり。所々金魚屋数種を育す」とあるところから、幕末の振り売り行商の売っていた金魚の種類の凡そがわかる。でも「（数種を育てている）金魚屋」とは、どんな金魚屋だったのか。江戸の金魚屋のことは、どうしてもわからなかった。ミステリアスであった。

江戸の金魚屋には、もしかして、何か、身分を公にできない事情でもあったのかとさえ思えてくる。

延宝から元禄にかけて、十七世紀の江戸で「生舟七八十もならべて」金魚を商っていた「しんちう屋の市右衛門（または重右衛門）」の素性も、ついにわからず、江戸で、どのような階層の市民が「（金魚の行商を）制する元店」を経営していたのかも、少しも知ることができなかった。

江戸で金魚があれほど流行したからには、どうしても、その大流行を支えた金魚屋があったはずである。夏が来るごとに、毎年、上方から金魚が供給されていたばかりとは考えにくい。

菊池貴一郎『絵本江戸風俗往来』（明治三十八年・一九〇五）に「金魚は高価なる品に至りては限りなく、王公貴人の翫《もてあそ》び給ふ所は自ら別品なり。桶を荷ない、市中に売りあるき、縁日に出せる魚は、ただ児童の翫びに止まるのみ。この商人、年々夏の初めより秋の初めに及ぶ。売り声の『目だかァ、金魚ゥー』の節、どこやら暑さを洗ふやう聞こへたり」

とある。

「王公貴人の翫び給ふ別品の金魚」は、どこで売っていたのだろう。「桶を荷ない、市中に売りある」いた金魚を、いったいどこで仕入れてきたのだろう。

江戸の下町を売り歩いた一般の振り売りと同じく、金魚売りも、金魚を毎日仕入れたのではないか。とすれば、江戸の金魚屋の「元店」は、金魚売りが朝早く家を発って、昼前には一日の荷をかついで、町を売り歩き、家に帰れる距離の範囲にあったはずである。

『守貞漫稿』にいう「之を制する元店」が、今でいう金魚養殖場を兼ねたものだったにせよ、自らは養殖をしない仲買い問屋のようなものだったにせよ、その所在地はきっと、高価な金魚を安心して大量に飼っておける水の豊富な場所にあったはずである。

池で飼っている金魚を出荷するには、出荷に先立って、叩き池や生け舟に移してえさを減らし、二、三日かけて魚をシメる。金魚が輸送中の空腹に耐えられるように、入れ物が動揺するとき、大量の排泄物や吐き出しで水を汚さないようにするためである。

かつて、金魚の輸送には「荷ない桶」と呼ぶ浅い木桶を使った。遠くへ大量に金魚を運ぶ場合は、この荷ない桶を三つ重ね四つ重ねと積み重ねて「重ね桶」にする。運ぶ距離が遠いときは、重ね桶を二、三人が交替でかついで道を急ぐ。現地へ到着すると、直ちに新鮮な水の流れる浅い水中に半ば沈めた大きな竹籠に移して、魚を休ませる。当然、中継地には水換えに便利な土地が選ばれた。輸送用の重ね桶は、中継地や到着先で、そのまま行商用の木桶に使う。

これは明治時代から昭和初期までの金魚輸送の定法である。それも江戸時代からの経験をもとに工夫改良されてきた輸送法だったはずだから、江戸時代後期の金魚輸送法も、基本的には、これと同一だったのではないか。ただし、江戸時代には、ここまで手をかけた、当時としては大掛かりな遠距離の金魚輸送が行われていたとは思えない。これだけ手間をかけて、遠い地方から江戸の町方に金魚を運ぶことも少なかったのではないか。

江戸に出回っていた金魚の数がどのくらいだったかは、はっきりしないが、百二十二ページにも書いたように、元禄時代、将軍綱吉が江戸中の金魚銀魚を取り上げて、藤沢の遊行上人の池へ放った総数が七千びきほどだった。その後、時代が進んで江戸の金魚の需要が増えたにしても、江戸時代にそれほど大規模な養殖場が必要だったとは思いにくい。

江戸時代の「金魚屋の元店」は、江戸の中心地からは遠くない、水の豊富な当時の郊外にあって、金魚養殖と、飼育蓄養と、問屋と、小売り直売と、四つを兼ねていたのではないか。行商の金魚売りが、そこから荷を仕入れて、魚と水の入った桶を肩にかついで歩いて毎日往復していたのなら、その行動半径から見ても、元店の所在はかなり制限されてくる。

たとえば、現在の葛飾区水元あたりというのも、江戸時代にはまだ、江戸の下町からは遠すぎたはずである。

江戸時代後期まで、わりと小面積の複数の池を持ち、いろんな大きさの金魚をたくさん飼い育てて、これを随時、町中の金魚屋、小売り行商に出荷していた江戸の金魚の「元店」は、もっと近いところにあったのだろう。

ほとんど想像だけでいってしまうと、江戸の金魚の供給地は、やはり不忍池畔の池ノ端から、下谷、入谷近辺が中心だったのではあるまいか。『台東区史』（一九五五）に、「江戸時代の入谷はほとんど百姓地であって……俗に入谷田圃と呼ばれていた。……入谷で有名なものは金魚と朝顔。江戸時代から水田や低湿地が多かったことは、金魚や鯉の養殖に好適地」だったとある。「江戸時代」といっても、金魚と朝顔が並んで書かれているところから見れば、たぶん、江戸時代後期の話であろう。

桜井正信（編）『歴史散策 東京江戸案内〈巻の3 老舗と職人篇〉』（一九九四）には、現在江戸川区在住の佐々木家が、江戸時代の中頃から大正の初めまで、代々、入谷田圃で金魚飼育一筋に盛業を営んできた、老舗の金魚屋さんであることを紹介している。

『台東区史』や『下谷区史』（一九三五）には、江戸初期には、不忍池から忍川、姫が池、鳥越川、隅田川とつづく流れがあって、入谷からも細流で連絡していたこと。根津谷中には藍染川があって、不忍池に清流を注いでいたことなどが記されている。金魚の養殖をするにも、「元店」の商売のためにも、この辺ならば具合よさそうな環境だった。

その地元から発行されている、森まゆみさんたちのミニコミ誌『谷根千』にも、藍染川の川辺に明治初年にあった金魚屋「バンズイ」の紹介記事があった。「バンズイ」は明治維新前にもこの地にあり、その付近にはまだ他の金魚屋もあったはずである。

現在の藍染川は、ほとんどが蓋をされて暗渠になり、その上を曲折の多い幅狭い裏道が通って、往時の川筋を偲ばせるだけになった。江戸川区郷土資料室（編）『特別展・江戸川区と金魚』（一九九二）にも「（金魚養殖は江戸時代には）入谷や根津でもおこなわれ明治に入って本所や深川あたりに移り……」とあって、千駄木から根津を通って上野へ向かう辺りには、今はもう、金魚屋があったような雰囲気のカケラも残っていない。

第三、五章にも書いたことであるが、不忍池付近一帯の干拓事業が完成した後の絵図の『寛文図』（寛文十一年・一六七一）の『東都下谷絵図』には、入谷田圃の南側、不忍池畔に寺社地や武家屋敷が並ぶ様子がよくわかり、上野元黒門町から池ノ端仲町に向かう場所に「ウエキヤ」の書き込みが見える。榊原クマノ介と書かれた屋敷の角にも「ウエキヤ」の字がある。しかし、西鶴が「上野池之端しんちう屋」を紹介する二十数年前のことでしかないのに、絵図に金魚屋の字はどこにもない。

不忍池畔の「ウエキヤ」に、金魚飼育との何らかの関わりはなかったのだろうか。もしかして、不忍池や忍川の水を庭園に引いて、屋敷内で金魚を飼う武家はいなかったのだろうか。

ただ、斎藤正之『金魚の飼ひ方』（農業と水産社、一九三〇）には「東京でいつから金魚を飼い始めたかは定かではない。今から一五〇年前、旗本御家人が深川及び本所付近で、屋敷内で金魚の養殖を行い、町人に払い下げて儲けていた」とある。

斎藤が「旗本御家人が深川及び本所付近で、屋敷内で金魚の養殖を行い」と書いた根拠は不明であるが、昭和五年（一九三〇）の百五十年前というと、安永から天明の頃に当たる。わが国最初の金魚飼育書の『金魚養玩草』が発行された寛延元年よりは二、三十年遅く、『金魚名類考』よりは十数年早い。

江戸中期後半、もし、本当に「（深川、本所の）旗本御家人が屋敷内で金魚の養殖」をしていたのならば、筆者の想像もまんざら的外れではなかったのかもしれない。

6　柳沢吉保と金魚の名産地

昭和の初め頃には、東京の江戸川、愛知の弥富、奈良の大和郡山が、日本の金魚の三大生産地として並び称せられていた。

うち、東京江戸川の養殖金魚は、明治末か大正期（一九一二〜二六）に入谷、下谷から移ってきたものであった。愛知の弥富のそれは、本格的には明治十五、六年頃（一八八二〜八三）に大和郡山からの移住者が、郡山から金魚を取り寄せて始めたのが最初であったといわれる。どちらにしても、江戸時代の江戸の金魚とは、直接の関係はなにもない。

一方、大和郡山の金魚養殖の発祥は、江戸時代中期までさかのぼる。大和郡山は、江戸時代に、金魚を飼って国興しに成功した土地柄である。調べてみると、江戸の金魚とのむしろ劇的な関わりもあったようだ。

大和郡山の金魚養殖は、甲州の藩主であった柳沢吉里が、享保九年（一七二四）に当地へ移封されたとき、前任地で飼っていた金魚を持参し、金魚飼育に熱心な家臣がこれを飼育したところから始まったとされている。

大和郡山藩の始祖吉里は、五代将軍徳川綱吉の寵臣柳沢吉保の子である。『金魚賦註』の序文を書いた書家で、文人画の創始者の一人とされる柳里恭（淇園・本名は柳沢里恭）は吉保の家老柳沢保格の次男に当たる。

図33　柳里恭の描いた金魚と童子の図（背びれのない尾の長い金魚が描かれている）　石田貞雄編『金魚グラフィティ』

『金魚養玩草』の序文の次のページには「金魚養玩草目録」があり、その筆頭に「明王世貞金魚之賦」と書名の紹介がある。書名が紹介されているだけで、内容的には、『金魚賦』と『金魚養玩草』とは全然関係がない。その後、宝暦四年（一七五四）に、坂上文英が『金魚賦』に注釈をつけて出版し、その序文を柳里恭が書いた。

さて、大和郡山の金魚は、柳沢吉里の家臣横田文兵衛が、享保九年（一七二四）に、藩主柳沢吉里の国替えに際して、旧領地の甲府から郡山へ金魚を持参したのが最初であった。横田はかねてから、金魚の飼育に長じていたので、温暖な土地柄の郡山で金魚の養殖に成功し、これにならった同藩家臣のあいだで金魚飼育が次第に広まった。

そして、安永年間に、家臣佐藤三郎左衛門が大坂の金魚商から「らんちう」を買い取り、文久二年（一八六二）には、郡山の商人高田屋嘉兵衛が広島から「をらんだししがしら」を買い入れて、それぞれに飼育を始めたという。ついでながら、文久年間（一八六一～六四）の上方は、折から「らんちう」ブームの真っ最中だった。この佐藤三郎左衛門については、さる古文書に「元文三年（一七三八）に大和藩士佐藤三左衛門《ママ》が、コヒフナ数万尾中からキンギョを作出しそれがこの地方のキンギョ発祥のもとになった」という、少々乱暴な伝聞がある。そのことについては、第二章でも紹介した。

江戸時代の郡山での金魚飼育は、当初は藩士の趣味に近いものだったが、幕末を迎えて藩の財政が乏しくなるにつれて、藩士の内職を兼ねるようになって実益が増し、むしろ本業に近くなった。とくに明治維新前後の窮乏時代には、金魚飼育が郡山藩士の内職としても役立ち、生活の困窮を救った。

「大和郡山の士族は、従来共宅地に於いて鯉魚及び金魚を養うを以て余業となししが、今を距たること五十年前より漸く盛大になれり」と、古い郡山郡史にある。著者は金田帰逸、明治十三年（一八八〇）の記述である。明治十三年より五十年前ならば、江戸時代末期の文政から天保年間に当たる。

　明治維新後、職を失った郡山藩士のうちには、金魚を屋敷の池に飼うだけではあきたらず、周辺農家と協力して、本格的な養殖業に乗り出すものもいた。それが結果的には、その後の郡山の金魚が、改めて産業として成立する基礎を築くもとになった。

　旧藩士たちの内職に支えられて、江戸時代からつづいてきた金魚養殖が、明治維新を迎えて、ますます盛んになったのは、最後の郡山藩主たち、柳沢保申《やすのぶ》と柳沢保恵《やすとし》の熱心な援助指導によるところが多かった。

　現在の大和郡山は、空気のさわやかな、緑の濃い、落ち着いた感じの中都市である。奈良市の南隣、奈良盆地の北部にあり、近鉄橿原《かしはら》線とJR関西本線にはさまれて市街地が広がり、その外側に公園や寺院の多いのが目立つ。公園や寺院には池が多く、それもかつての金魚養殖と無関係ではないらしい。

　郊外には、佐保川と秋篠川と岩井川が合流して大和川になる、水量の豊かな平野の川沿いに、金魚養殖の盛んな地域が広がる。穏やかな薄緑色に濁った金魚田が、きちんと区分されて並ぶ。道端にはたっぷりした用水をはげしく流す水路があって、金魚田からの排水を集めて川に落としている。養魚の盛んな土地らしく、流れる水には、ゴミ一つ浮かんでいなかった。

所々に住宅が集まって集落を作り、各戸の庭に当たる部分は、ほとんど十数平方メートルから一〇〇平方メートルほどの、やや小振りの浅い池になっている。池は大方、家の南面か東面、住宅敷地の最もいい位置を金魚池が占めている。池に面した母屋の軒端、戸の脇には、ほとんど例外なく、魚をすくう大小の手網が立てかけてあった。盗難防止のためであろう、池と道路とは、新しい網フェンスで仕切られていた。

金魚組合の集荷の様子を見学してから、タクシーの運転手に頼んで、金魚田に囲まれて建つ郡山金魚資料館を訪ねた。かつて、松井佳一博士に指導を受け、博士を恩師と慕っていた「やまと錦魚園」のオーナーの嶋田正治さんが、私費で建てた小博物館である。なりは小さいが、金魚の専門博物館というと、一九九七年当時、日本中でこれ一つしかない。

入り口を入ったすぐ左手が資料室で、真っすぐ奥へ進むと、金魚展示場である。

資料室ホールには、江戸時代から明治時代の金魚の錦絵の写真コピーのファイルやスクラップブックが置かれ、壁には古文献などを入れたショーケースが並ぶ。滅多に見る機会のない、いわゆる「わじるし」の錦絵も少数、肩身せまそうにまじっていた。「とさきん」の飼育法を書いた古い小冊子も、ここで初めて見た。金魚の歴史に関心のあるものには、心躍るような展示資料がたくさんあった。資料館の小ぢんまりした中庭の中央には、松井博士のブロンズの胸像が立てられていた。

惜しいことに、館内は荒れていた。資料はほこりだらけで、古文献は陽に焼けて傷みがひどく、中庭の松井博士の胸像の周囲には、ガラスの小水槽が三十個ほど並んでいたが、中身は空っぽで、金魚も水も入っていなかった。

郡山金魚資料館を作った嶋田正治さんは、戦後の大和郡山の金魚の復興に力を尽くした功績者である。一九四一年に本格的な輸入の始まった中国金魚の繁殖試験を引き受けて、「丹《たん》

図34　大和郡山市　郊外にひろがる金魚田

図35　大和郡山の金魚養殖家。南面に金魚池がある

頂《ちょう》」や「水泡眼《すいほうがん》」など、七種もの中国金魚の日本での繁殖に成功した。とくに、そのうちの「青文魚《せいぶんぎょ》」という「青い金魚」の繁殖に成功したことでも知られた人だった。

一九七八年には、「青い金魚友の会」を設立して、その中心となって、全国のハンセン病療養所や福祉施設に、金魚を寄贈しつづけたが、たいへん残念なことに、一九八五年に交通事故に遭って、急逝されてしまった。

それから十年以上たったことになる。後継者が「郡山金魚資料館」には関心がないのか、運営上の経済的なゆとりがないのか、仕方のないことかもしれないが、個人創立の博物館の危うさが惜しまれた。

郡山には、鍵屋の辻の仇討ちで有名な剣豪の荒木又右衛門が住んでいた屋敷跡がある。その隣に、江戸時代からの武家屋敷がまだ残っていて、庭内のゆるやかな斜面に二面、江戸時代からそのままという、金魚池もあった。もちろん、金魚池としての役目はとうに終わっていて、個人の持ち物である以上、休閑地として、やがては消える運命にあるのだろう。ただ、郡山で初めて見た昔の金魚池は、武家屋敷の庭池という言葉のもつ趣味的閉鎖的なイメージからは遠い、思いがけないほど、広々したものだった。

柳沢氏の居城だった郡山城跡は、今は修復されて、気持の良い高台になっている。追手門の前の坂道を上ると、左手に周囲を樹木に囲まれた庭園がある。今は芝が植えられているが、ここもかつての郡山藩主の金魚飼育池の一部だったそうである。タクシー運転手の説明では、以前は結構広い池だったという。

江戸時代、郡山藩の武士が金魚を飼った、静かな池の水面を眺めていて、ふと思い付いたことがあった。

同じ江戸時代、津軽藩で飼われていた「つがるにしき」とか、尾張藩の「ぢきん」、土佐藩の「とさきん」、出雲藩の「なんきん」などの地方特産の金魚は、きっと、こんなふうに、それぞれの藩で武家屋敷の内に抱え込まれるようにして、飼われていたのではないか。もしかすると、江戸の金魚も、府内のどこかの武家屋敷で、こんなふうに飼われていたのではないだろうか。

もう一つ、郡山の金魚養殖は、柳沢家の初代藩主吉里が前任地甲府から持参した金魚がもとになって始まったのだが、どうして、江戸時代の冬の寒さのきびしい甲州で、どういうふうに、金魚を飼っていたのだろうか。金魚は決して寒さに強い魚ではない。

柳沢吉里は、五代将軍徳川綱吉の側用人として権勢を振るった柳沢吉保の子である。元禄七年（一六九四）、吉保は将軍綱吉の絶大な寵愛によって、老中格に取り立てられた。江戸幕府で、側用人の権威が閣老のそれを凌いだのは、吉保が最初であった。

宝永元年（一七〇四）、甲府綱豊（のちの家宣）が将軍綱吉の嗣子と決まると、武蔵川越城主の柳沢吉保に甲斐国十五万石が与えられた。甲斐国は吉里の出身地でもあった。しかし、江戸時代以前は武田領だった甲州は、戦略要枢の地として、幕府直轄領とするか、または徳川一門以外には領有を許されなかったのが習わしだった。したがって、これはよほどの特別待遇だった。

宝永六年（一七〇九）、綱吉が死ぬと、吉保は剃髪して保山と号し、江戸駒込の六義園に隠棲し、その五年後の正徳四年（一七一四）に亡くなった。

吉保隠居のあとを受けて、嗣子吉里が甲斐守となり、その後十五年間にわたって藩政に当たった。吉里は善政を敷いていたが、将軍が徳川吉宗の代になると、享保九年（一七二四）、にわかに大和郡山への所替を命じられた。これ以来、甲斐国は再び天領として、甲府勤番と甲府、石和《いさわ》、上飯田の三部代官の支配下に置かれる幕府直轄地となった。

図36　JR大和郡山駅の記念スタンプ

享保九年三月、吉里の所替と入れ替わりに、四月には三代官が設けられ、六月に甲府城引き渡し、七月に甲府勤番支配設置という慌ただしいスケジュールでことが運んだ。幕府からは有馬出羽守と奥津能登守の両人が甲府城代を命ぜられ、小普請旗本までの武士二百人、与力二十騎、同心百人が甲府に遣わされて、新任の勤番支配についた。江戸から赴いた勤番士のうちには、初めて見る甲斐国への道中見聞を記録したものがいた。

新任の甲府城代、有馬出羽守の配下にあった坂部甚五郎が、「鶴瀬といふ所にて金魚を珊瑚珠魚と名付て見せ物にす。在辺の者いまだ見たことなきものと見ゆる」と書いたのも、このときの道中記であった。同一の話が、同じ享保九年に、やはり甲府へ赴任した野田成方《しげかた》の著した『裏見寒話《うらみかんわ》』にも出てくる。

森澤瑞香は、坂部甚五郎の道中記を『彗星　江戸生活研究』（昭和二年・一九二七）という雑誌に発表し、この古記録をもとに「金魚は日本にそう古くからあったとは思われぬ」と主張した。むろん、それは誤りで、森澤の説は同じ雑誌の後続号で、南方熊楠に批判否定された。南方は、この文章が金魚の起源を暗示するものなどではなく、坂部らが「金魚ほど日本の都会で見慣れた物を、まだ知らぬ僻邑もあると呆れて書いた」のだと、さすがに正しく理解した。

しかしここでは、「鶴瀬で珊瑚珠魚と呼ばれて見せ物になっていた金魚」に、ちょっと違った視点を当ててみたい。

鶴瀬は、笹子峠の西麓、駒飼と勝沼にはさまれた小さな甲州街道の宿場町で、現在の山梨県に実在する。幕末近い天保十四年（一八四三）でさえ、全戸数五十八、人口二百四十二、旅籠屋は四軒しかなかった（勝沼には二十三軒あった）。甲州のそんな田舎町ならば、それよりさらに百年以上も昔の江戸中期に、金魚が（江戸でこそ珍しくなくなっていても）珍しくて見せ物になったのも、当然だったように思える。

で、その見せ物の「珊瑚珠魚」の金魚は、どこから、鶴瀬に運ばれてきたのだろうか。「江戸から」と、即答はしにくい。当時、甲府勤番の侍は「今日十日江戸表出立、来る十二日勝沼宿泊、翌十三日当（甲府）表到着」と、つまり三泊四日がふつうの道程だったから、生きた金魚が江戸から直接運ばれて、甲府の手前の甲斐の片田舎で、足を止めて見せ物になっていたとは思えない。

したがって、見世物のこの金魚は、ずばり、甲府から持って来たものに違いあるまい。ふだん、甲府城下の侍屋敷とか城内の池とかで飼われていた金魚が、この年に突発した藩主国替えのドサクサにまぎれて運び出され、香具師の手にでも渡って、田舎回りの見世物に仕立てられたのではなかろうか。

ではなぜ、そんな辺鄙な寒地の甲州藩に、金魚が飼われていたのか。それは当然、江戸表から折々に運ばれてきたのが、藩主または藩士の屋敷池などで飼われていたのであろう。

柳沢吉保の江戸下屋敷は神田橋門内にあった。将軍綱吉は年に十数回も、柳沢屋敷にこの寵臣を訪ねたという。吉保が綱吉に仕えていた元禄七年（一六九四）には、ぜいたくの行き過ぎ禁止を理由として、あの七千びきもの「江戸中の金魚銀魚を召し上げて」金魚を藤沢の遊行上人の池へ放った事件もあった。

それでも、『続江戸砂子』に「江府各産並近在近国金魚所々ニテ見ル」（江府は江戸）とあり、宝暦九年（一七五九）の『広大和本草』に「元文初年よりこれを玩ぶこと日に盛なり。寛延に至りて益々盛にして人家産を傾くるに至る魚妖とも云ふべきか」などという文章もある。たかが金魚が、「家産を傾くるあやしき魚」とは、少々大げさだが、六代将軍家宣の時代になって宝永六年（一七〇九）、前将軍綱吉時代の生類憐みの令、奢侈禁止令が廃止され、それらの行き過ぎの法令への反動もあってか、再び金魚飼育熱が高まっていた様子が窺われ、洒落本『辰巳之園』でも「猪牙舟の数におどろき、金魚の数にあきれ」るほどになった。

話はちょっと飛ぶが、柳沢吉保の時代より百年ほどのち、十代将軍家治に寵愛されて権勢をふるった側用人田沼意次（安永元年・一七七二に老中になった）は、賄賂政治を横行させた悪名高い人物だった。意次がたまたま他人の屋敷を訪れ、池の鯉を何気なく褒めると、日を置かずに、意次の屋敷池は、争って運び込まれた緋鯉でいっぱいになったという。

柳沢吉保およびその下屋敷と金魚をこんな形でつなぐ直接の証拠は何もないが、田沼意次と並び称せられて将軍の寵愛と権勢を誇ったと聞く吉保の屋敷にも、賄賂まがいの進物の金魚を持ち込む向きが、きっとあったのではあるまいか。

それももちろん、子どもが金魚売りから買うような駄金魚ではなく、西鶴の『置土産』にいう、上野の「しんちう屋」で「尺にあまりて鱗の照たるを、金子五両、七両」はする、いやもっと高価で立派な金魚だったに違いない。

その上、江戸でこそ、だんだん珍しくなってはいても、甲州ではまだ珍しく貴重だった金魚を、柳沢の家中が江戸神田橋門内の下屋敷の池から、甲府の城内に移して飼っていた、ということもあったのではないか。大きな立派な金魚だったからこそ、寒い甲府での冬も凌げたし、郡山へ運ばれて、親魚として繁殖に使え、後々にも役立ったのではなかったか。

将軍家の命とはいえ、かつては、江戸中の金魚を藤沢の遊行上人の池へ放逐する先頭に立った柳沢家が、後年、金魚に助けられることになったというのは、何かの巡り合わせであろう。

金魚飼育がもし、江戸で武家屋敷の池で飼われていたのならば、中には池で子が生まれて、武士たちの小遣いかせぎになっていたことも、ありそうに思える。そのために、金魚を養い、金魚屋を制していた「元店」に、あるいは武家の内職が関わっていた。江戸の金魚屋のことは公然と語られなかったということはなかっただろうか。

第六章　日本人と金魚

1　出目金が遅れて来たわけ

金魚の代表的な品種の一つに「でめきん」がある。眼球を包む眼胞全体が左右に大きく突き出した、奇抜な感じの金魚である。赤い色をした「あかでめきん」、真っ黒な「くろでめきん」、三色まだらの「さんしきでめきん」と、今のところ三種類がある。

日本人には細い切れ長の眼が標準だった昭和前半は、パッチリ大きな眼をした人に「でめきん」と、あだ名をつけるのがはやった。愛敬のある顔付きをした金魚の「でめきん」は、日本人にとくに愛され親しまれた金魚の一つであろう。

ところが、その「でめきん」が、江戸時代の金魚のなかには、入っていない。

日本に「でめきん」が輸入されたのは、江戸時代がとうに終わって、文明開化後の明治二十二年（一八八九）になってからであった。それも、中国広東からアメリカへ向かう途中の船が横浜へ寄港したとき、積み荷の「紅龍睛魚」（あかでめきん）を買いとったのが、出目性金魚の最初の日本上陸だった。「くろでめきん」と「さんしきでめきん」は、その後、「あかでめきん」をもとに、日本で作出された純国産種である。

「でめきん」よりもさらに奇抜な目つきをした出目性の「ちやうてんがん」は、明治三十六年（一九〇三）に、やはり、広東から入り、一旦全滅したのが、大正から昭和の初めにかけてまた入った。中国名は「望天魚」といったのを、草創期の東京大学教授・箕作佳吉博士が「頂天眼」と名付け、それがこの金魚の日本名になった。「でめきん」や「ちやうてんがん」よりも、もっともっと奇妙な姿の「シュイポウエン（水泡眼）」や「ハマトウユウイ（哈蟆頭魚）」は、第二次世界大戦後に新しく輸入された「新中国金魚」で、いずれも、江戸時代とは関係がない。

「でめきん」の日本渡来は遅かったが、中国での「でめきん」出現は、けっして新しい時代のことではない。

今から五百七十年も昔、明代の宣徳四年（一四二九）に、皇帝が描かせたという古絵巻の『魚藻図』には、すでに出目性の金魚が描かれている。中国の宣徳四年は、日本では室町時代中期の正長二年に当たり、日本へ金魚が初渡来した文亀二年（一五〇二）よりも、七十三年も前のことになる。

しかも、傅毅遠・伍恵生『中国金魚』によると、出目性の金魚で最も早く固定された品種は、一五九二年の「紅龍睛」（あかでめきん）である。一五九二年は日本の文禄元年に当たり、江戸時代はまだ始まっていない。

誤解されるといけないので付け加えておくが、ある特徴をそなえた金魚が現れてから、それが品種として固定されるまでには、よほど時間がかかるのがふつうである。したがって、

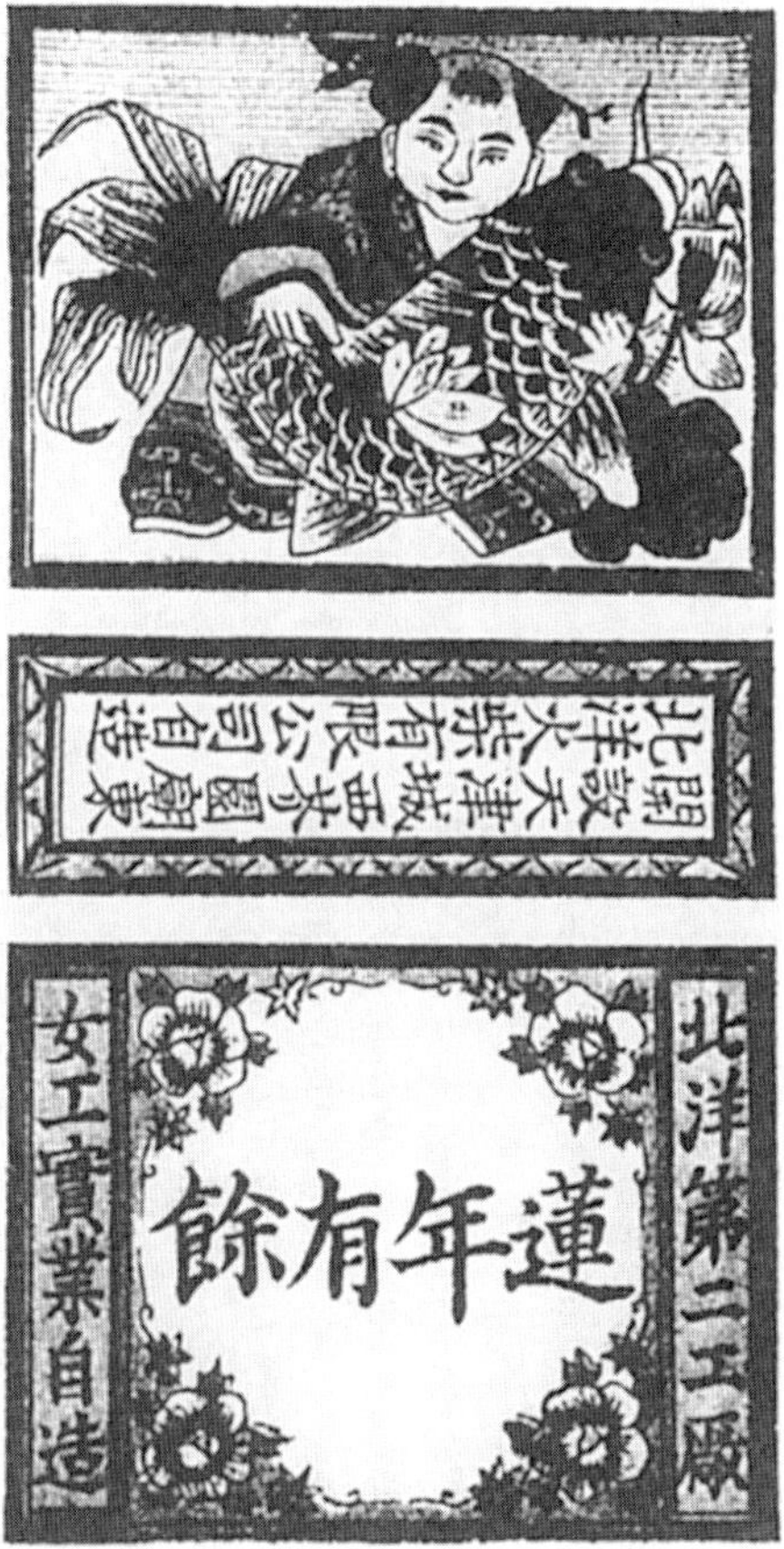

図37　第二次世界大戦前の中国のマッチ　金魚を抱いた少年と蓮の花

「紅龍晴」種の固定よりも一世紀半以上も早い『魚藻図』に、出目性の金魚が描かれていても、少しもおかしくはない。

ついでにいうと、中国で「紅文魚」（あかわきん）と「彩色文魚」（じゅぶんきん）が品種として固定されたのは、先の「あかでめきん」より、たった十三年早いだけの一五七九年であった。「紅蛋」（獅子頭のない「らんちう」の「あかまるこ」）の固定は一五九六年で、ここでようやく、日本では江戸時代が始まるちょっと前のことになる。

「紅龍背」（あかりうきん）の固定が、これらにかなり遅れて一七二六年。ここで、江戸時代の享保十一年に当たる。あとは数種が十九世紀末、残りは二十世紀に入ってから品種固定に成功している。

この視点から金魚の日本渡来史を見直すと、文亀二年に日本に初渡来した金魚は、従来「わきん」と言われてきたが、それはたぶん、正しくなかったのではないか。中国での「紅文魚」（あかわきん）の固定が一五七九年なのだから、日本へ初めて来た「金魚」はまだ、「わきん」とまでは固まっていない、（ただの）「きんぎょ」だったはずである。

一方、江戸時代に入って「らんちう」が早くから姿を現していたことや、「りうきん」が「らんちう」よりは遅れて、安永・天明年間（一七七二〜八九）の日本初渡来と伝えられてきたのは、中国の品種固定の過程と照らし合わせても、矛盾しまい。

それなのに、中国で二番目に早く、十六世紀には品種として固定されていた「でめきん」

だけが、どうしてそんなに遅れて、明治の半ばになってから日本に入ってきたのだろう。たまたま渡来の機会がなかっただけだったのだろうか。

中国では、出目性の金魚が古くから珍重されてきた。中国では年が改まるのを祝う行事が盛大に行われ、年画《ねんが》といって、布や紙に描いた絵を家屋の壁に貼って、新しい年の魔除けと招福を願う。年画には金魚の絵が描かれる場合も多かった。旧正月の門を飾る（日本の門松のような）春聯《しゅんれん》にも、一般に金魚の図が描かれた。

中国語では、金魚（チンユイ）は、金餘と同音なので、金の余る、つまり蓄財に通ずる吉祥の魚とされてきた。金魚がたくさんの子を産むのも、多産祈願にもつながり、童子が金魚にまたがったり小脇に抱えたりして、しかも蓮の実や花を手にしている図は、連年金餘（毎年の金儲け）に通じるとされて喜ばれてきた。

こういうときのデザインに使われる金魚は、ほとんど「でめきん」である。金魚の出目はいっそう誇張して描かれ、花瓶などの陶磁器、刺繡、木彫り製品などの工芸品にも「龍睛」（でめきん）が、好んであしらわれてきた。目を大きく、誇張した「でめきん」を軒灯に描いて、これを「龍睛魚灯」と唱えた。

中国の明代は金魚流行の最盛期であり、大衆向けの金魚と高級金魚とが、別々に発展しはじめた時代でもあった。地方豪族から朝廷まで、世間とは没交渉の世界には、門外不出の金魚があって、「でめきん」から出た「ちやうてんがん」も、長らく朝廷の秘魚とされていたという。「でめきん」は大衆魚だったが、「ちやうてんがん」は、清朝の宮廷の庭に大きな陶鉢を並べて、ひそかに飼われた金魚だった。

戦後、日本に新しく入ってきた「新中国金魚」は、だれにも愛される優雅な日本の金魚を見なれた、当時の日本人の目で見れば、珍奇さを強調した、グロテスクとさえ思えるような、むしろ奇形じみた姿形の魚たちだった。一般向きではないというか、ふつうの金魚ではなかった。日中の金魚に対する好みの相違は、明らかだった。

図38 「でめきん」をデザインした中国の剪紙（切り紙）（傅毅遠・伍恵生『中国金魚』）

陳舜臣に『闇の金魚』という小説がある。十九世紀末から二十世紀初頭、清朝末期から中華民国建国にかけての激動の時代を背景に、若い革命家を主人公とする推理小説である。この小説に、珍種の金魚の作出に熱中している若者が登場する。

名を徐友岳という独身の反政府主義者で、宿舎の片隅で、ひそかに珍しい金魚を飼っている。

反政府過激派と金魚の取り合わせとは奇想天外に思えるが、ともかく、徐の宿舎の庭の隅には大きな桶が置いてある。高さ八〇センチ、直径一メートルもの大きな桶に蓋をかぶせて、蓋の中央には直径二センチほどの小さな穴が開けてある。小説で金魚の登場する場面は、こんなふうに展開する。

徐友岳は片手にもった紙袋から、パン屑のようなものをつまみ出して、例の穴から落とした。

「その穴は、餌を入れるためでしたか」

……

「ま、餌入れを兼ねてはいるがね」

図39　「ちやうてんがん」（頂天眼）（吉田松樹『観賞魚春秋』）

図40　「すいほうがん」（水泡眼）（『観賞魚春秋』）

「じゃ、その穴は？　……それよりも、いったい金魚を飼うのに、どうして蓋なんかするんですか？　いつも蓋をしているようですが、金魚には日光は要らないのですか？」

……

「珍種の金魚をつくっている」

徐友岳は、おごそかといってよい口調で答えた。

「珍種というと？」

「お目にかけよう」

……

桶のなかには、水は半分ほどしか入っていない。その浅い水が、はげしく揺れた。……

黒い金魚であった。

……

「妙なところに目玉がついているなぁ……」

……

桶のなかの金魚は、背中に目玉をつけていた。金魚の口と尻尾の、ちょうど中間のあたりに、二つの目玉を、寄せ合わせるようにつけている。

「この種の金魚をつくるには、何代にもわたって、闇のなかに閉じこめておかねばならん

のだ。しかも、栄養はたっぷり与えなければ、すぐに死んでしまう。餌にはずいぶん工夫

……したものだ」

「ほう、餌に工夫すれば、目玉が背中のほうにずりおちるのですか？」

「いや、目玉は餌のせいじゃない。蓋だよ。蓋の穴。……この桶のなかの闇は、一条だけ光がさしこむ。細い光線だ。この穴からね。生物というものは、向日葵《ひまわり》みたいに、光のほうにむかうんだ。目玉のある動物は、その目玉を光にむける。一条の光は、ほとんどまっすぐにさしこむ。その光をとらえやすくするために、桶のなかの金魚は、一代ごとに目玉をうしろ……つまり背中のほうに移動させる」

やがて、徐友岳は殺される。徐の死体のあった隣室にも、蓋付きの大きな甕《かめ》に金魚が泳いでいた。別のアジトの赤煉瓦の倉庫でも、別の人物が階段の踊り場に、分厚い木の蓋をした大きな甕を置いて、金魚を飼っていた。蓋のまん中には、やはり、小さな孔が開けてあった。主人公の童承庭は、革命運動に巻き込まれた自分を、闇のなかに投げ込まれた金魚にたとえてみる（『闇の金魚』は、ハードカバーから文庫本になって、どちらもどうしても手に入らず、講談社の小枝一夫氏にご面倒をおかけした）。

もっとも、蓋に小穴を開けただけの真っ暗な桶で金魚を飼えば、本当に背中に目玉が移動して、珍種の金魚を作り出せるとは保証できない。『闇の金魚』は、小説である。

出目性でしかも目が上向きについた金魚ならば、清朝の宮廷で秘魚とされていた「望天魚(頂天眼)」、その辺が『闇の金魚』のモデルにされたのではないか。

と、このように、中国では早くからもてはやされていた「でめきん」が、江戸時代の日本に現れず、こうした変わりものの金魚が見向きもされなかったのには、何か理由があったのではなかろうか。

江戸の人たちには、金魚の育種の経験も知識もなかった。珍しい金魚を手に入れても、ただ、いい加減に飼っているだけでは、突然変異個体の出現を待つだけだったから、それほど変異性を持たない金魚に、よほどの変わり種が出る機会は少なかった。出てもそれきり、花火のように消えて残らなかったはずだ。

一方で、江戸の人々には、金魚に奇形めいた姿の変種を求める気持が、少なかったのではないか。江戸時代には、金魚はもっぱら、優美な「こがねうを」としてのみ、受け入れられていたからではあるまいか。

2　金魚と変化朝顔

園芸の時代といわれた江戸時代にも、花のいのちは短くて、次から次へと流行の植物が移り変わっていった。江戸で流行った園芸植物の極め付きは、文化～天保年代（一八〇四～四四）に大流行した朝顔だった。

朝顔は、日本原産の植物ではない。原産は東南アジアといわれ、といっても、江戸時代に渡来したのでもない。遠い平安時代に利尿、下剤の薬用植物として、南中国を経由して日本に伝わってきた草花である。平安時代には牽牛子《けんごし》と呼ばれた、半野生の植物だった。素朴な姿をして、花も小さかったが、平安時代中期の『拾遺和歌集』に「朝がほの花を人の許につかはすとてあさがほを何はかなしとおもひけん人をも花はさこそ見るらめ」と、すでに観賞用植物としての価値も認められつつあった。

朝顔の流行は、最初は花そのものの観賞から始まったのではなく、ものにからみついて背を伸ばす蔓性植物として、全体の姿形を楽しむところから始まった。

江戸の文化全体がそうであったように、園芸植物の流行も、やはり、一般には、上方で始まって江戸に伝わってきた。朝顔に先行した菊やツツジの流行も、そうだった。ところが、朝顔の流行は上方と関係なく、いきなり、江戸で始まった。逆に上方でも江戸の影響を受けて、朝顔が大流行していた。『摂陽奇観』に「寛永大菊、元禄百椿、近くは寛政の橘に百倍す、各々異様雑色数十種ありといへども、黒あさがほ、黄花は稀なるよしいへり」とある。

朝顔の栽培は、貝原益軒『大和本草』に「牽牛子、朝間花容美シク……花ニ淡青深青紫白色アリ・小牽牛花、好種ナリ」とあるように、江戸中期から次第に進行していたらしい。最初は露地に植え付けて柵や垣根にからませ、次に木箱などを利用して棚をしつらえ、さらに瓦鉢の普及につれて、鉢植えが増えた。そして、江戸後期になると、「変化朝顔」といって、花の形も葉の形も、とても朝顔とは思えないような、奇妙な姿の朝顔が出現して、人々にもてはやされた。

文化十二年（一八一五）の壺天堂主人『花壇朝顔通』（乾坤二冊）には、八十種類もの変化朝顔の図がある。

こうして、あまりにも奇抜な形を追うのに熱中しすぎた反動もあってか、文化文政期には、一時、朝顔の栽培は下火になったが、幕末の嘉永・安政期（一八四八〜六〇）にまた盛んになって、明治維新を迎えた。今も残る入谷鬼子母神の朝顔市が、当時の面影をとどめている。

変化朝顔には、種子ができにくい。植物の花は葉の変化したものだから、花と葉に「究極の変わりもの」を求めた変化朝顔の種子ができにくいのは、当たり前の話である。むしろ、そこに珍種の変化朝顔が、二つとない珍品として、もてはやされた理由もあった。

江戸時代末期に、園芸の世界では、奇をてらうような形の変化朝顔が珍重される風潮があった事実は、金魚の流行と比較すると、なお興味深い。

海の向こうの中国では、日本の江戸時代と前後する時期に、奇妙な形の「でめきん」が大いにもてはやされ、それから「ちやうてんがん」のような、いっそう奇妙な形の金魚が秘魚として作出され、珍重されていた。これに対する江戸時代の日本では、美しい色彩優美な姿態の追求と観賞が金魚愛玩の主テーマだったのに、一方では、不気味さを売り物にした見せ物の流行も始まっていた。奇をてらうのを競ったとしか思えない変化朝顔の大流行もあった。一見矛盾しているような、これらの流行は、互いにどうリンクしていたのだろうか。

朝顔や、そのほかの江戸で流行った園芸植物は、共通して形の変わりやすい、遺伝学でいう突然変異が現れやすい性質をそなえていた。朝顔の場合は、葉や花の形が変わりやすかった。

ただ、「変わりもの」が現れても、ふつうは一代限りで、突然変異として遺伝的に固定されるかどうか。平たくいえば、せっかく風変わりな形が出ても、それが子に伝わるかどうかは保証できない。樹木や多年草の場合は、挿し木や接ぎ木で変わりもののクローンを作ることができるが、それもできなければなおさら、突然変異の形質を固定するのはむつかしい。

江戸の人たちはたぶん、朝顔についても金魚についても、品種間交配の育種技術を知らず、一般には、その必要性に気が付きもしなかった。ただ、遺伝学でいう突然変異株（または変異個体）が自然に現れて、それが代を重ねるのを、当てもなく、気長に待つしかなかったのだ。

生物の遺伝には、多くの場合、ある一定の決まりがある。なかでも、メンデルの遺伝の法則は有名である。

オーストリアの神父だったグレゴール・ヨハン・メンデルが、ブリュンの僧院の庭で栽培していたエンドウマメで、有名なメンデルの遺伝の法則を発見したのは、一八六五年のことである。もっとも、それが学会に認められたのは、三十五年後の一九〇〇年であった。一九〇〇年は日本の明治三十三年に当たり、江戸時代は、もう終わっていた。江戸時代の日本人が品種交配の重要性や、遺伝の法則を知らなくても、まあ無理はなかった。

ただ、宝暦の頃から、上方を中心に流行ったコマネズミ（ナンキンネズミ）の飼育指南書に『珍翫鼠《ちんがんねずみ》育草《そだてぐさ》』（定延子、天明七年・一七八七）という小冊子がある。江戸時代とは、本当に、いろんな道楽が流行った時代だった。コマネズミも中国伝来の愛玩動物で、『珍翫鼠育草』の出版の百三十三年も前、承応三年（一六五四）に日本に初めて渡来している。こんな小さなネズミの流行も、江戸時代の「縮みの文化」の一側面だったのかもしれない。

コマネズミの飼育手引き書には、なんと、コマネズミの交配実験（！）の結果が記されて、「妻白」「頭ぶち」「月のぶち」「豆ぶち」「むぢ」「目赤白」「黒眼の白」などと、十五ものコマネズミの異名が書き出されている。それは「異名」というよりも、期せずして、メンデルのいう「表現型」（フェノタイプ）に当てはまるように思われる。もし『珍翫鼠育草』の著者が、メンデルよりも先に、日本で遺伝の法則を発見していたのならば、これはすごいことになる。

金魚を飼った人たちには、ここまでの発想はなかったようである。哺乳類で胎生のネズミと、卵生の金魚との親近感の違いもあったかもしれない。金魚でも、雑種のできるのを嫌ったわけではなく、「わとうない」みたいな、「わきん」と「りうきん」、どっちつかずの金魚も流通して、むしろ面白がられていた。江戸時代一の飼育書にも「(朝鮮金魚とふつうの金魚の)落とし子の取りよう」まで伝授していながら、そこで止まっている。江戸時代の人たちは、品種固定のためにきびしく淘汰選別するよりも、あれもこれもと、取り込むのを善しとしたフシもある。

朝顔のマニアたちが、次々に現れる葉と花の形の奇抜さを追い掛け、花色に重きを置かなかったのは、日本人が赤や白の単純な色を好んだからだという説もある。それもあるかもしれないが、朝顔のもつ自然の変異性が、花色よりも、花や葉の形に現れやすかったからであろう。

江戸時代は、見世物がはげしく流行した時代でもあった。室町時代には見世物という名称もなかったというのに、江戸時代に入ってまもない元和年間、初めて香具職に天然奇物類の観場設置が許された。やがて、見世物は、江戸時代の民衆娯楽の筆頭にまでなった。

朝倉無声『見世物研究』(思文閣出版、一九七七)は、江戸時代の見世物を大きく三種類に分けている。第一が手品、軽業などの「技術篇」、第二が珍鳥奇獣、奇草木石などの「天然奇物篇」、第三が人形などの「細工篇」。

『見世物研究』については、エピローグでもまた述べるが、「天然奇物篇」のうちの異虫魚《ぎょ》鼈《べつ》、要するに魚、虫、亀などの下等動物の見世物は、最も遅れて始まったという。その最初が「宝暦九年（一七五九）七月に江戸堺町で、一尺と六寸との赤い鯉二喉《こん》（喉＝助数詞。魚を数えるのに用いる）」だった。

「是は今の緋鯉の事で、異魚扱ひにするのは、可笑いやうであるが、当時赤鯉は極めて稀であつたから、貴人の目を喜ばすのみで、下々では容易に見られなかつたため、日々見物が絶えなかつたといふ」と、『見世物研究』に付け足されている。金魚は珍しくなったはずの宝暦頃の江戸でも、赤い大きな鯉はまだ、見せ物になるほど珍しかったのだろうか。

甲州と江戸の違いこそあれ、金魚や緋鯉がただ、赤い色をしているだけで見世物になった場所と時代があったことは、金魚の色の価値を考える上でも役に立つ。

3　金魚の色はこがね色

金魚の基本の色は、赤（朱）色、ないしは金（黄金）色である。金色の光沢がある朱色といってもいい。昔は、朱金色とも表現されていた。少なくとも日本では、そう受け取られてきた。

本家の中国での金魚の異名については、別に紹介したが、日本では、金魚が渡来した最初から、この赤い魚を「金魚」または「こがねうを」と呼んでいた。白いものは「銀魚」または「しろがねうを」と呼んで区別もしたが、この方は、いつのまにかすたれて使われなくなった。

金魚が、江戸時代にあんなにも流行した理由の一つには、この魚独自の「赤」い「金」色の色ぶりの良さが、きっと一役買っていたのだと思う。その理由として、まず第一に、「赤」と「金」が、古来、日本人に最も好まれてきた色だからではないかと思う。

いくつかの漢和大字典の教えるところによると、「赤」は、火の燃えるあかい色を指し、南の色、夏の色、まじりけのなさ、熱っぽさ、けがれのなさ、まごころ、真実、瑞兆などを意味する。「赤（チ）」は、周代の中国で尊ばれた色であった。漢代は火徳で赤色を尊び、前漢の高祖劉邦（BC二四七～一九五）には赤帝子の異名があった。後漢の光武帝劉秀が即位（AC二五）したとき、天から赤色の護符（赤伏符）が降って授かったという伝説もある。赤県神州といえば、漢土のことであった。

赤を横に二つ並べた「赫（へ）」は、赤々と燃える火のように勢い盛んなことであるし、赤子（かけがえのない子ども）、赤心（まごころ）、赤誠（まごころ）など、「赤」という字は、積極的な良い意味に使われることが多かった。同じく赤を表す「丹」「朱」「緋」「紅」などの字も、一般に良い意味に使われてきた。

赤は邪を払う神聖な色でもあった。長寿の象徴も赤、高僧の衣も赤（緋）である。アジアの女性の眉間につける赤点、建物の柱や軒裏の丹塗《にぬり》、稲荷天神の朱塗の鳥居など、赤い色を神聖視して、その呪力を借りようとしてきた例は少なくない。

西アジア一円で神聖視されていた「赤」や「朱」の色が、儒教・仏教の思想に影響されながら、中国を経由して日本に入った。「赤」の和訓を「あか」としたことで、あかるい、あからむ、あかあかなどと、大和言葉のはなやいだ希望ある意味に結び付いた。それがわが国での赤い色へ志向する習慣を作った。

今日でも、わが日本で慶祝を表す色は赤、または紅白である。昨今の日本女性は、個性的に多様な色を選択するようになったが、それでも赤が好まれる色彩の上位にあり、とくに戦前までは、赤と白が女性に好まれる色の筆頭だったという。

武蔵野美術大学の千々岩英彰教授が、一九九六年に世界二十ヵ国・地域の若者五千五百人に、金、銀を含む四十七色を見せて「最も好きな色」について聞いたところ、青（紺）がトップ、赤は二番目で、黄色は六番目だった。とくに日本、ドイツ、イタリアの若者たちが、赤や黄の鮮やかな色を好むことがわかった。千々岩教授は、赤や黄に対する好みが、異文化といわれる日本の現代の若者にも共通すると主張されている。江戸時代も現代も、日本人は金魚の色が好き、といっていいのではないか。

大岡信編『日本の色』（一九七六）で、山本健吉氏は、日本語の色感と色名について、次のように説明している。

「日本語には、色を表現する名詞がたくさんあるが、色の形容詞が非常に少なくて、古くは『赤い』『青い』『白い』『黒い』の四つしかなく、しかも、この四つは色そのものではなくて、光の明暗の表現だったらしい。『黒』は『暗』、『赤』は『明』、『白』は目につきやすい『顕』、『青』は非常に幅広い『漠』とした光や色を指す言葉だった。『あかし』は『明し』でもあり『赤し』でもあった。赤と黄は区別していなかったか、混同していたかもしれない。」

同じ章には、次のような議論もある。

「黄金の『金』は、色を超えるものだったのではないか。金の光の尊さと、その希少価値。世界のうちでも、とくに日本人は、金色を尊んだのではないだろうか。金というものに、特別のシンボリックな地位を与えていたのではないか。『黄金花咲く』という形容があるように『金』も『黄』も、太陽光の『キラキラ』輝く感じから出た言葉ではなかったか。キラキラ輝く意味の日本語は、ほとんどが歯切れのいいカキクケコのカ行音でできている。

仏教の経典に出てくる『黄金』は、浄土の光を意味する。色即是空の『色』とは、もとは金色のイメージだったのではないか」

同じ本の、また別のページで、安西二郎氏の次のような主張もある。

「日本文化の中で／端的にいうと、金色系は／多分に自己顕示的な人々が、その夢や願望を仮託する際に用いやすい／極彩色や金箔や金綺羅に満ちた陽光的世界への心理的傾斜を物語る小道具であった。

現に、金色とか黄色とかを手ばなしで賛美するのは、大人でも子供っぽい天真な人が多い。そして、黄金色のもたらす魅力の中で見逃せないのは、わが国の天下をにぎった武士の多くが農村出身で、(武士は黄金と黄金色が好きだった。その理由は)彼らの抱いた豊穣感の深層に、稲のみのりという黄金性が根ざしていたからではないか。

鎌倉室町時代、黄金は彼岸性と永生の夢を寄託し、織豊以後江戸時代にかけて生じた拝金主義を育てた。金山開発の成功と金の大量産出が、町人衆の金融活動を活発にし、大衆の間における金綺羅人気を下地に成功したもの」と。

「赤」と「金」、その両方の色彩を兼ね備えた金魚は、まさに江戸時代を物語るにふさわしい存在だったのではないか。

仏教では「名詮自性《みようせんじしよう》」といって、ものの名には自ずからそのものの性質が表現されていると教える。少なくとも江戸時代には、ものの名は実体に相応するものと信じられていた。今ではただ、思い付きのように簡単に命名される魚の名にも、昔は深い意味があったと考えられ、恐れたり、うやまったりする傾向が強かった。金色をした魚の「金魚」という呼び名も、われわれが考えるよりもよほど、ありがたい名称だったのではないか。

江戸の金魚はまだ、品種の淘汰固定もできていなかったし、品質の規準に合わせて形の優劣を問題にするようになったのは、幕末近くなってからのことだった。日本の魚としては稀な、黄金色に光る「赤い金魚」というだけで十分だった。だからこそ、「尺にあまりて鱗の照りたる」大きな金魚に高い値がついた。赤い魚というだけで、見せ物になる価値もあった。

数ある金魚の中でも、一段と金色によく光って美しいのは「らんちう」である。第三章にも書いたように、「らんちう」には、蘭鋳、卵虫などの字を当てる。「鋳」の金偏の代わりに、魚偏をつけたウソ字の「鯖《ちゅう》」を使う人もいた。「金鋳」（黄金を鋳造！）と書いて「らんちう」と読ませる場合もある。現在の感覚では、いささかナンセンスに思えるが、黄金色に美しく光る「らんちう」に「金鋳」と「金」の字を当てた強引さはすごい。

4　魔除けに使われた金魚の郷土玩具

江戸時代に赤い金魚が好まれたのには、もしかすると、もう一つ、赤い色に関わる別の意味が籠められていたのかもしれない。その意味を探るのにちょうどいいものを見つけた。金魚の郷土玩具である。

現在、金魚をモチーフとした「おもちゃ」はたくさんある。無数にあるといっていいかもしれない。平べったい金魚の口から水を撒く式の、子ども用ジョウロのような、すぐ脳裏に浮かぶ懐かしい玩具もある。それらは、金魚がただかわいいし、人気があるし、子どもにわかりやすいから、身近な生きものだからという程度の理由で、モデルにされているのだろう。けれども、金魚をモチーフにした江戸時代からの郷土玩具には、もとはもっと深い意味があった。

同じ赤い魚ならば、海にすむ鯛をかたどった郷土玩具が、昔はほとんどであった。ところが、金魚をアレンジした郷土玩具や民芸品は多くはない。それは、ほとんど日本全国の海岸に分布して、縄文時代よりも昔から日本人に親しまれてきた鯛と、せいぜい数百年のつきあいしかない中国渡りの金魚との大きな違いであろう。

岡山県倉敷市には、日本郷土玩具館という玩具専門の博物館がある。筆者が訪れたとき、この博物館には「袴田穣『鯛』コレクション」という名の独立のショーケースがあったほか、鯛車や鯛抱き人形など、鯛をモチーフにした郷土玩具がたくさん集められていた。多数の鯛にまじって、金魚の郷土玩具も少数ながら異彩を放っていた。だが、残念なことに、そこにある金魚の郷土玩具の多くは過去のもので、今は滅失したまま製作されていないという。

現存するはずの金魚の郷土玩具には、全国的に知られた有名なのが三つはある。まず、青森県弘前市の「金魚ねぷた」をアレンジした「金魚提灯」。青森市にも手提灯に作ったミニチュアの「金魚ねぶた」があると聞くが、まだ見る機会を得ていない。ついでながら、同じ青森県内の同じような夏祭りを弘前で「ねぷた」といい、青森市では「ねぶた」というのはなぜだろう。次が新潟県新発田市の「金魚台輪」。三番目が山口県柳井市の「金魚提灯」。

話の順序がちょっと前後するが、松井佳一博士が昭和十年に紹介した新発田市の金魚台輪は、「陶製で水盤または池に浮かす」とある。「池に浮かす」とは信じがたいが、「りうきん」らしい形の金魚を四つ車輪のついた台車に乗せたもので、製作の由来は残念ながらはっきりしない。同じ新潟県三条市に現存する郷土玩具の「鯛車」とは、尾びれの形が三つ尾である以外は、全体によく似ていて、三条の「鯛車」と、弘前の「金魚ねぷた」の両方をこきまぜたようにも見受けられる。大正、昭和に入ってから作り始められたもののようだ。最近も作られているかどうかは、はっきりしない。これに対して、弘前の金魚ねぷたと、柳井の金魚提灯は、明らかに江戸時代に始まり、現在も作りつづけられている。

津軽地方の祭り行事の「ねぷた」自体は、平安時代初頭の延暦年間（七八二〜八〇六）に始まったといわれる。弘前の「ねぷた」は、青森の「ねぶた」より一足遅く、毎年八月一日から七日までが縁日と決まった夏祭り行事である。カマボコを厚目に切ったような大あんど

図41　新潟県新発田市の郷土玩具「金魚台輪」（松井佳一『科学と趣味から見た金魚の研究』）

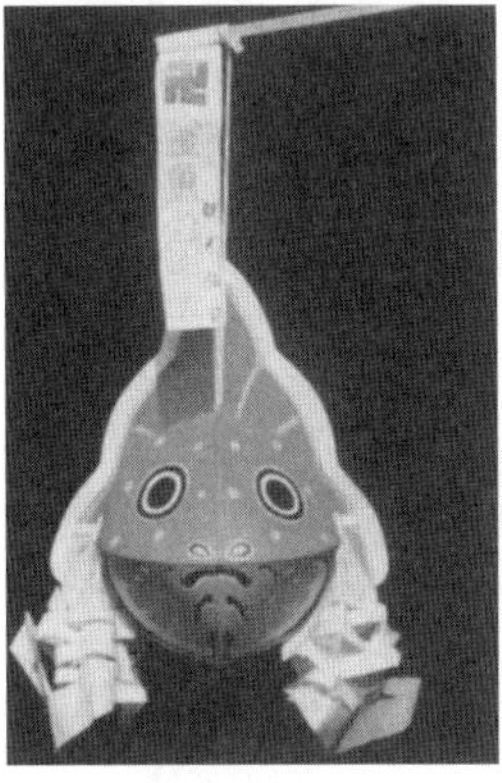

図42　青森県弘前市の「金魚ねぷた」「つがるにしき」をアレンジ？

んの中に明かりを灯し、賑やかな祭り囃子に送られて、次々に夏の宵を練り歩く。カマボコ型のあんどんの平坦な両面の、「鏡絵」と呼ばれる表側には勇壮な武者絵が、「見送り絵」と呼ばれる裏側には美人画が、どちらも極彩色に、躍動感にあふれて描かれている。大あんどんの行列は、豪勢である。

「ねぷた」の出し物の一つである「金魚ねぷた」は、もちろん、「ねぷた」の発祥そのものからはずっと遅れて、この地方に金魚が普及しはじめた江戸時代から始まって、今に伝わるものである。ユニークに誇張された金魚の形と顔付きが面白い。

今では、弘前の「ねぷた」は、祭りの時期でなくても、弘前市に行きさえすれば、いつでも見られる。弘前公園のすぐ前の市立観光館の一階ホール中央に、直径八メートルの大ねぷたが常時展示されて、フロアから見上げ、階段を上がりながら次第に見下ろせる。弘前公園の堀伝いに少し歩けば、津軽藩ねぷた村という観光施設もある。

観光会館の売店では、「金魚ねぷた」のミニチュアの吊し飾りを売っている。もう一ひねりしたマンガチックな顔付きの団扇もある。「金魚ねぷた」のミニチュアは、何人かの作者による競作で、形も大きさも幾通りかあって、ホテルの売店など、市内のあちこちで販売されている。全体の印象はどれも似ているが、体の絵付けと長く垂らした胸びれの形に、バリエーションがある。

興味深いことに、弘前の「金魚ねぷた」の金魚には背びれがない。「金魚ねぷた」のミニチュアは、糸で吊す手提げ型であっても提灯ではないので、背中線が閉じられていて、手提げ提灯とは違い、背びれをつけにくいというような製作上の理由もない。それなのに、背びれがない金魚の玩具とは、一般の金魚のイメージとは違って特異で面白い。

尾びれは大きな三つ尾を垂直にピンと立て、尾びれと胴は竹ひごで形をととのえて丈夫な和紙が張ってある。胸びれは、これとは別の仕立てで、和紙を折って千鳥に切り込みを入れ、そのまま引き伸ばして組み、神道の御幣のように長く垂らしている。ふさ飾りのようにも見える。これがあるので、祭事との関わりが連想される。胸びれの形には、とくにオリジナルな工夫がこらされている。胸びれを除いて、全体に真っ赤な色を基調に塗って仕上げてあり、体をいろどる模様にも作者それぞれの工夫がある。

背びれのない金魚といえば、まず「らんちう」だが、弘前の「金魚ねぷた」の金魚の形や、他のひれ、とくに胸びれの様子は「らんちう」のそれとは明らかに違う。

江戸時代の弘前藩には、特産秘蔵の背びれのない地金魚「つがるにしき」があった。背びれがないところは「らんちう」、胴が長目のところはやや「わきん」に似て、背びれ以外の各ひれが長目に垂れ下がるところは「りうきん」にも似た形の、特異な金魚である。現在の弘前の「金魚ねぷた」はこの「つがるにしき」によく似ている。というより、基本的に「つがるにしき」をモデルにして作ったのではないかと思われる。

そしてもう一つ、この弘前の「金魚ねぷた」は、まぎれもなく、江戸時代の日本の郷土玩具の主流だった「赤物」に違いない。

形と図柄には製作者による相違はあるが、どれも本物の金魚よりもずっと濃く赤く、ケバケバしく、力強いまでに真っ赤に塗られ、さらに赤い色の飾り模様がつけられている。金魚の玩具なのだから、赤いのは当たり前みたいだが、それだけではない。

江戸時代、真っ赤な色をした郷土玩具の「赤物」は、子どもの疫病だった疱瘡《ほうそう》（天然痘《てんねんとう》）を逃れるための呪《まじな》いに使われる、護符のようなものだった。

当時、疱瘡は疱瘡神に取りつかれることから起こると信じられた。疱瘡神は赤い色が好きで、あるいは逆に赤い色が大嫌いなので、真っ赤な色をした玩具を子どもの枕元に置くか、子どもに持たせておくことで、疱瘡神をわが子の周辺から遠ざけることができる、と信じられていた。迷信ではあったが、かといって、疱瘡を逃れる有効な手段は何もなかった。

江戸時代の疱瘡は、全国に蔓延して日本人を苦しめ、人々に最も恐れられた疫病だった。しかも、疱瘡にかかって死ぬ者のほとんどは乳幼児であった。ジェンナーがイギリスで種痘法を発明したのは一七九六年、和暦の寛政八年だったが、それはイギリスでさえも、すぐには認められなかった画期的な予防法だった。ましてや、江戸時代の日本で、子どもが疱瘡にかかれば、もう、なすすべがなかった。

わが子が生まれれば、赤物の玩具を求めて疱瘡神の回避を祈った。万一、愛児が疱瘡にかかれば、紙を赤く染めた紅紙燭を枕元に灯し、周囲を赤い色ずくめにして、かなわぬながらも疫病に抵抗しようとした。「赤物」の玩具には、そんな役目があった。地方によっては、三月の雛の節句や、五月の端午の節句にも雛壇に赤物を飾って、わが子の息災を願った。

鮮やかな赤い色には強い呪力があり、病魔、災厄を退散させるという、赤い色への信仰は全国的な支持を受けていた。「赤物」のモチーフには、鯛のほか、馬、猿、牛、金時（金太郎）、獅子頭、海老などが好んで使われた。真っ赤に塗った舟の玩具も「赤物」に使われた。津軽の「金魚ねぷた」もまた、これらにならって「赤物」の仲間入りをさせられたのであろう。赤い色の持つ呪力への信仰と、赤い色の魚との関わりについては、小著『鯛――ものと人間の文化史69』（法政大学出版局、一九九二）に、ややくわしく書いてある。

ところで、柳井の「金魚提灯」の金魚にも、背びれがない。柳井市の近く、周防大島町の久賀にお住まいの河本勢一さんが送って下さった柳井の「金魚提灯」を、初めて手にしたときは、いささか驚いた。これも明らかに疱瘡除けの「赤物」であったが、その意匠が、弘前市の「金魚ねぷた」に、あまりにもよく似ていたからだった。

図43　山口県柳井市の「金魚提灯」

こちらは「提灯」なのだから、背には明かりを入れる窓が開いていて、背びれがなくても当然に思われ、デザイン上の違和感はない。それでも、全体の形は弘前の「金魚ねぷた」にそっくりである。胴は弘前のよりも長く、胸びれや尾びれが垂直に垂れ下がった様子は、こちらの方が写実的で「つがるにしき」そのままに見える。

しかし、なぜ、本州西南端に近い山口県の柳井に、江戸時代から津軽で飼われていた「つがるにしき」にそっくりな、しかも赤物の金魚の玩具があるのだろうか。

江戸時代の山口県と青森県の関係だけでも不思議なところ、彼地の特産金魚の「つがるにしき」との関係となると、なお不思議である。「つがるにしき」型の金魚が、瀬戸内周辺に産したはずもない。

しかし、その疑問はまもなく解けた。河本勢一さんはさらに調べられて、「幕末のころ(百五十年ほど前)」に、弘前の「金魚ねぷた」を導入し、アレンジして、柳井の金魚提灯が製作されたことを教えて下さった。「現代から百五十年前」といえば、幕末は天保から弘化の頃であろうか。熊谷林三郎(「さかい屋」)が、弘前の金魚ねぷたにヒントを得て、地産伝統織物「柳井縞」の染料を使って創始したという伝承もあるという。

さらに河本さんは、その幕末弘化の頃、柳井をふくむ長州(山口県)で、疱瘡が大流行していたことも確かめて下さった。山口県編『山口県文化史年表』によると、弘化二年(一八四五)に「萩その他疱瘡流行。死者多し」とあり、その他にも、嘉永二年(一八四九)に「青木研蔵種痘法伝習のため長崎へ出向」などと、幕末の岩国藩では、にわかに始まった疱瘡の大流行対策に苦心していた様子が、この年表のあちこちに窺われる。

柳井の金魚提灯の導入と、その頃の同地方での疱瘡流行とのあいだに、直接の因果関係があった具体的な証拠は何も見つかっていない。しかし、江戸時代の弘前と柳井の距離の遠さを思うと、弘前の「赤物の金魚」が柳井へ導入された時期と、この地方での疱瘡の流行期との一致は、ただの偶然とは思えない。

もっとも、なぜ、柳井で採用された「赤物」の意匠が、全国的に分布する「鯛」などではなく、「金魚」になったのか、それはわからない。想像を逞しくすれば、疱瘡の流行に悩まされていた柳井の有識者が、何かの機会に弘前の「金魚」を見て、すっかり気に入ってしまい、溺れるものは藁をも摑む式に、飛びついて、そのアレンジが柳井の金魚提灯誕生のきっかけになったのではあるまいか。それほど、柳井の疱瘡の流行が、猛威を極めていたのだろう。

江戸時代の疱瘡はまさに死病だった。そして、患者はほとんどが乳幼児だった。魔除けによる回避の祈願も効き目がなく、治療法のない疱瘡にかかってしまった不運な患者は、赤い紙燭を通す赤い光に照らされ、まわり全部を赤ずくめに囲まれて寝かされ、ひたすら病魔が去るのを待つしかなかった。赤い「金魚提灯」をわが子の枕元に吊して、赤いろうそくの灯を灯し、回復を祈願した親たちは、どんな気持だっただろうか。

もっとも、現今の「金魚提灯」や「金魚うちわ」のとぼけた顔つきには、そのような悲惨な昔の情況を連想させる気配は微塵もない。包装につけられた説明にも「金魚は幸福を呼ぶ魚、金運の魚」とだけある。疱瘡の大流行など、すっかり過去のことになった今日、「赤物」の意味も忘れられつつある。それは幸せなことではないか。

柳井市といえば、江戸時代から残る白壁の町並みを保存した商店街でも有名である。最近は町興しに熱心で、金魚提灯をずらり三千個も市街に飾り、大きな金魚型の山車を練り歩かせる新しいイベントを企画していると聞く。金魚提灯がふるさと振興に役立つという発想は現代的で、明るくて、愉快である。

5　金魚と花鳥風月

花鳥風月という言葉がある。日本の自然を代表する風物と、自然を愛する日本人の心を端的に表現した言葉だという。日本独特の心情だとかいわれてきて、さて、花鳥風月とは何なのか、考えてみると、わかるようで、よくわからない。

松岡正剛『花鳥風月の科学』(一九九四)には、「花鳥風月の思想を理解するには、花鳥風月的な気持の問題と、日本の社会的なしくみの変遷を同時に眺めるという新しい視点が必要になるのです。花鳥風月とは、神・仏・花・鳥・草・木・虫・魚・雪・月・風・水などのコードの組み合わせによってモードをつくりだすシステムの一種だとみなすことが必要です」

と噛んでふくめるような説明がある。

しかし、「花鳥風月的な気持」自体の説明がないので、そこがもう一つもどかしい。「花鳥風月とはなにか」と、またもとに戻って、やっぱりよくわからない。わかるようでわからないのが「花鳥風月」なのかもしれない。花鳥風月のあいまいさは、日本人の自然とのつきあい方、自然の見方のあいまいさと裏表ではないか。

花鳥風月とは「①天地自然の美しい景色。②風流な遊び」と『広辞苑』にある。すると、金魚は花鳥風月なのかどうか。金魚を愛する気持は「花鳥風月的な気持」なのかどうか。

金魚は「花鳥風月的な生きもの」ではあろう。でも、数百年にわたって人が飼ってきた「家魚」の金魚は、「天地自然の美しい景色」ではあるまい。「風流な遊び」なのかどうか。

もっとも、日本人の考える「花鳥風月」の主たる意味が、本当に「天地自然の美しい景色」なのかというと、そこのところは、少しあやしい。

日本人の自然観については、明治時代以来の議論がある。

簡単にいえば、その議論は日本人がいかに「自然」を愛する民族であるかを強調し、立証しようとする人と、日本人が「自然」を理解せず、自然観賞の能力に欠けていると見る人の論争から始まっているようである（斎藤正二『日本人と植物・動物』一九七五）。

日本人の自然観が、欧米人の自然観とはまるで違っているという指摘は、昔からあって、「日本人には自然が理解できない」とまでいう学者もいる。

たとえば、長谷川如是閑は「日本人の自然観は、文字通り樹を見て森を見ないもので、森林に対する感覚などは、原始人の森林恐怖観から離れていない。日本人はまるで自然を理解していない」と、たいへん手厳しい（『日本的性格』昭和十七年・一九四二）。

古来、日本人は、自然との付き合い方が上手ではなかった。モンスーン気候地帯の北の端に位置する日本の自然は、はるか高緯度にあって冬の寒さは厳しいが、気候の安定して穏やかな西欧の自然に比べると、ずっと荒々しい。毎年、ほぼきまった時期に襲来する台風のような、ときには人間を破滅させる自然の暴力に遭遇する機会も多い。

そういう風土では、人間の力は小さなものである。自然の強大な力に対して、人々は簡単に諦めたり、天災に対する何らかの因果応報を見出すことで、自分を納得させるしかなかった。昨日の荒々しかった自然が、今日はたちまち、美しい穏やかな自然に変わり、今日の平穏が明日は激変する。気候はめまぐるしく変動推移する。日本人の伝統的自然観が、西欧的なそれと大きく相違するのは、むしろ自然であろう。

日本人は、自然を理解できていなくても、自然の一部を改変して生活に取り込む知恵にはたけていた。「荒々しい自然」の脅威をそらし、「美しい自然」の美しい部分だけを切り取っていた。それがモンスーン気候地帯で自然と共存してきた民族の知恵であった。

自然と真っ向から取り組むのは避けて、つきあいやすい一部分だけを取り出して身近に引き寄せ、ときにはサイズも縮めて、自分たちに都合よく改変してきた。これを「日本人の縮み志向」と、否定的または揶揄的にいう向きもある。疑似自然愛好といえば、その通りであるが、これもはげしく変わる荒々しい自然を取り込んで、背を丸めて生きた人々の生活の知恵だった。

　こういった日本人の自然観抜きには、江戸の金魚流行は考えにくい。それは籠の中のコマネズミや小鳥飼育、鉢植えの草花栽培などの趣味流行全部に通ずる心だろう。江戸時代の人たちにとっては、金魚も、改変され凝縮された自然、または疑似自然の一部だった。自然と疑似自然の境界も不明瞭だった。その方が、江戸時代には似合っていた。

　詩人でも劇作家でもあった外交官で、大正十年（一九二一）に東京に来て、関東大震災を経験した駐日フランス大使のポール・クローデルは「江戸の人たちにとって、自然から与えられる宝物とは、（大自然そのものでなく）手の中に持てるもの、袖の内に隠すことのできるものだ」と、いった。

　日本人が自然の風景を眺めるときは、知らず知らず、すでに絵に描かれ、歌にうたわれた風景を通して眺め、美しさを評価するのだという。江戸時代の日本人は、荒々しい自然の中から、美しいものだけを選り出し、磨き上げ、安心して観賞できるものに仕立てる手法を知っていた。それがすなわち、花鳥風月だった。日本人が自然を美しく思う前提として、「美しい自然」という定形が予め用意されている。長い年月かけて磨き上げてきた、そのパターンに当てはまるものだけを、「美しい自然」と評価する。準備されたパターンに当てはまる

図44　豊国「誂織当世島」の金魚

かどうかが、花鳥風月の美しさの基本だった。決まった形に当てはめて眺めるから、美しいと感じるのだという説もある。みんないっしょに、同じ風景に同じ美しさを感じ、同じように見る。それを変だとも、不思議とも思わず、むしろ安心に思う気持が、日本人にあるのではないか。

日本人のいう「美しい自然」は、人間社会の近くにあって、人の心を慰め、疲れを癒してくれるものであった。手の中の自然、花鳥風月とは、そういうものだったのではないか。

江戸の町方で求められた「自然」は、狭苦しい九尺二間の裏店住まいに見合う、ミニサイズでなければならなかった。裏長屋の窓に下げられたびいどろの金魚玉の金魚も、植木花卉園芸も、江戸の庶民が上手につきあってきた「自然のしっぽ」だったのではないか。金魚はやっぱり、花鳥風月の一部だったのではないか。

つい最近、『身近な自然のつくり方』という表題の新刊書の広告を見付けた。「身近な自然？」「自然の作り方？」。自然という日本語の定義は相変わらずファジーだから、こんな用法もあるのだろうが、もともと、「自然」は人間に作れるものではない。自然を破壊してきた人間活動の場である「身近なところ」に、本来の「自然」があるわけもない。

しかし、「自然」という言葉のこういう使い方を見ると、今の時代でさえ、日本人には「自然」が身近なところにあり、身近に引き寄せることができ、自由に縮小することも、作ることもできる、と考えられていることがわかる。一般的な日本人の脳裏にある「自然」は、西欧流の「自然（ネイチュア）・人手の加わっていない状態」とは、明らかに違うようだ。

この本の表題の「身近な自然」とは、「身近の快適な野外環境の作り方」ということであろう。もっとも、人間が手を加えて身近なところに作る、好ましい雰囲気の野外環境というそれ自体、花鳥風月そのものではあるまいか。

エピローグ　金魚を日本の水族館に

一九九〇年代の日本は、かつてなかった水族館ブームだった。東京、大阪、福岡、名古屋、横浜と、大都市ごとに巨大な水族館が新設されて、大勢の人々が水族館に行った。平成六年（一九九四）、日本の主だった水族館六十三園館の入場者数は、合計三千八百万人を超えた。

そうした水族館へ日曜日に行ってみると、大変な人出である。混雑のために館内はエアコンが利かず、たまらなく暑い。魚を見にきたはずの水族館で、水槽の魚は人の頭越しに一部しか見えない。人波に押されてゆっくり見ることもできない。それなら、魚を見られない人々がいら立ち、怒っているのかというと、全然、そんな気配もない。日本人はなぜ、こんな混雑を承知で水族館へ来るのか。日本人はそんなにも水族館が好きなのか。ただ、それはちょっと違うらしい。

満員の水族館の観客は一般に平静で、大勢の人波にもまれながら歩いていることに、満足感さえあるように感じられる。混雑する場所へ来て興奮し、喜んでいるフシもある。混雑している水族館はイベント広場のようだ。元日に東京近辺の寺社へ押し寄せる初詣での人出のようだ。江戸時代の盛り場や見世物の人出もこんなふうだったのではないか。

観客が魚を見る見ないはともかく、今の日本の水族館には、世界中から魚が集まってくる。南極の魚もいる。深海魚だけがまだちょっと弱いが、それもいずれは、飼えるようになるだろう。日本の水族館の飼育技術は世界一だし、飼えないものを飼おうとする意欲と使命感も、なかなかのものだからである。

ところが、その水族館に、金魚の影が、どうも薄い。日本の水族館に（今はほとんど）日本固有の金魚がいないのも、それで何の違和感も感じられないのはおかしなことだが、「へん」とも思わない人が多いのも事実である。水族館に金魚がいないのはけしからぬと抗議が来るわけでもないし、金魚に執着や興味を持つ来館者も、あまりいない。

金魚のコーナーのある少数の水族館でも、金魚の人気はもう一つである。金魚の水槽を覗く人の背にも、「なんだ金魚か」といった軽い戸惑いの風情が窺われる。水族館で金魚に出会うと、それまでのムードが途切れたような気がするという人もいる。

日本の水族館が金魚を軽視する傾向は、明治の水族館創始時代から、ずっとそうだったらしい。明治二十三年（一八九〇）の『動物学雑誌』の「雑録」には、上野動物園内に八年前にできた、日本最初の水族館「観魚室《うをのぞき》」を見た、洋行帰りの動物学者が「縁日ニテモ見ラル鮒、金魚ノ類ハ何カ他ノモノト取替ヘテ貰ヒ度キコトニナン」と、高飛車に叱りつけている記事がある。

欧米では、金魚に東洋のエキゾチシズムを感じるとかで、金魚のコーナーを大切にしている水族館もある。アメリカのシアトル水族館は、日本の錦鯉をすばらしいポスターのキャラクターに使ってくれている。その外国の水族館で金魚に出会うと、懐かしいような、恥ずかしいような、はぐらかされたような、奇妙な違和感がある。なぜだろう。

日本人も日本人なりに、エキゾチシズムと非日常性を求めて水族館に来るのだろう。その日本人の感覚としては、日本では家魚扱いの金魚は、身近すぎるのかもしれない。動物園にいる家畜に人気がないのと同様、お金を払って見るタマではないと思うのかもしれない。

そうした先入観や偏見を払いのけて、虚心に金魚を見ようとしても、水族館のガラス越しに見る金魚には、実際、サンゴ礁の魚やマグロやクラゲほどの魅力がない。日本人の感覚では、金魚と水族館は、どうも合性がよくない。

水族館は、元来、野生の水生生物を見せる場所である。一般の人々が特別な身支度も必要とせずに、大気を楽々と呼吸しながら、生きた魚を間近に見られる場所は、水族館しかない。水族館は、水中世界の覗き窓である。その水族館に日本人が求める基本ニーズは、やはり「珍しいもの見たさ」であろう。年に三千八百万人もの大勢の人々が、日本中の水族館へ足を運ぶのも、多くは、珍しいものを見たい気持からであろう。その気持は、江戸時代の魚や亀の見世物の大流行からつながってもいるのではないか。

朝倉無声の『見世物研究』によると、江戸時代の異虫魚鼈、つまり珍しい魚や亀など、水生生物の見世物はさまざまな見世物類のうちで最も遅れて、宝暦期に始まった。そのハシリが第六章でもちょっと紹介した「宝暦九年、江戸堺町の大きな赤い鯉」だった。また、享保九年（一七二四）までさかのぼると、甲州の田舎で金魚そのものが「珊瑚珠魚」の名で見世物にされていたことも、第五章で紹介した。

『見世物研究』の紹介に戻ると、「大赤鯉」につづいて宝暦十二年には、芝金杉浦で「一丈余の翻車魚《マンバウ》」が網にかかり、「忽ち市中の評判となつて、貴賤老若の見物夥し」く、陸から一丁ほど沖の（マンボウを横たえた）砂洲まで、乗り合い船が仕立てられて、トンボ返りに大勢の見物人を運ぶ騒ぎになった。このマンボウは、奉行の検視が終わったあとも両国橋詰で見世物にされて、くさりかかった大マンボウに、連日、大勢の見物人が群がり集まった。

『見世物研究』は、その他、江戸末期の記録を丹念に拾って、大ガエル、万年カメ、大フカ、大ダコ、カブトガニ、大イカなどを年代順に列記している。なかでも傑作には、文化期に名古屋で見世物にされた「孔雀魚」というのがある。絵を見ると海魚のセミホウボウで、現在の水族館では珍しい魚でもないが、大きな胸びれを水平にひろげ、第一背びれを一角獣もどきに直立させた姿が面白いと見た香具師が、思い付きのいいかげんな名で見世物に仕立てたらしい。

こんな江戸時代が、明治維新の文明開化になったからといって、人々の物見高さが急に変わるはずもない。その心は、江戸時代の見世物につながっていたはずである。そこに舶来嗜好にオブラートされた日本の水族館の歴史が始まった。

日本最初の水族館は、上野動物園内にできた「観魚室《うをのぞき》」（明治十五年・一八八二）である。そのあと、十九世紀末から二十世紀初頭の日本各地で、次々に小水族館ができた。とくに明治三十年（一八九七）にできた神戸和田岬の水族館は、当時、水族館建設ブームだったヨーロッパで開発された飼育システムを取り入れ、日本で初めて飼育水を循環濾過して海水魚を飼うのに成功した画期的な水族館だった。

和田岬の水族館は、興行的にも大成功だった。飼う魚も相州三崎から船で運んで、外海の魚を初めて見る京阪神の人々を魅了した。水族館は人気を独占して、ひっきりなしに人波が押し寄せるほどだった。

和田岬水族館の「大受け」にならって、営利を目的とする水族館も各地に作られた。たとえば、明治三十二年（一八九九）、東京浅草にオープンした浅草水族館は、たいへんな人気を呼んだ。昭和初期まで毎日見物人が列を作って入場の順番を待ち、「銀座通りの賑ひ、浅草の水族館、日比谷の公園、西郷の銅像」と唱えられるほどの東京名所になった。日本の水族館の歴史については、拙著『水族館への招待・魚と人と海』（丸善ライブラリー112、一九九四）に、紹介した。

ところが、その後、慶應義塾大学の磯野直秀教授に教えられて、明治期の東京浅草には、有名な明治三十二年の浅草水族館よりも十四年も早く、上野の「観魚室」より三年だけ遅れて、もう一つ別の水族館がオープンしていたことを知った。

明治十八年（一八八五）十月十四日の水曜日、東京日日新聞は「浅草水族館」との見出しのもとに、「当夏の時より建築に取係りたる浅草公園の水族館」の完成を報じている。水族館をたった二、三ヵ月で完成させたのもすごいが、あの和田岬の水族館より十二年も早く、東京の町なかに海水水族館ができたというのは、もっとすごい。

「正面に水族館の三字を大書したる大額を掲げ貝細工にて其文字を飾り」、浅草の地中から出た貝類などの化石標本や、ウミガメやエイの剝製を飾り、三十数個の水槽には海水を満たして、もっぱら海水魚を飼おうとした。品川沖から運んできた海水を九十石（約一六トン）入りの貯水槽に溜めて、蒸気ポンプで海水を循環して、水槽に水を流した。その発想は悪くなかった。

当時、浅草の町の真ん中で海の魚を飼うなんて、すばらしい目論見だった。たった三年前に淡水魚の「観魚室」が上野にできたばかりだったし、東京日日新聞も「上野博物館の動物園に河魚を飼わるるとほぼ同じ趣向なり」と、熱心に紹介して好意的であった。

けれども、ただ海水を運んできて流すだけでは、海の魚は飼えない。明治時代の都会の盛り場で、水族館の維持は困難だっただろう。外見だけはととのえても、海の魚を飼うための初歩的なノウハウもなかったはずだ。この「浅草（第二）水族館」は失敗し、二年ももたずに廃業してしまった。この水族館のことは、平成六年（一九九四）暮れのＮＨＫのクイズ番組「日本人の質問」で話題にしてもらって、日本の水族館史草創期の一部を補正できた。また最近になって、橋爪紳也『海遊都市』（一九九二）に、この「浅草（第一）水族館」の紹介があることも教えられて知った。

明治時代の浅草に、前後して二つの水族館が都会の盛り場に作られ、海の魚を飼って見せようとした本音は、江戸時代の見世物の延長上にあったのだろう。ところが、興行収益をねらったその水族館宣伝文に、早くも「水族館の教育効果」がうたわれているのは皮肉めいている。「珍しいものを見せるのも教育」という主張も、理解できなくはないが、「珍魚」を見せて客を呼ぼうという視点からは、「金魚」の姿が消えてしまったのも無理はない。明治期の浅草に、前後して出現した二つの水族館の大冒険は、江戸の珍魚の見世物流行を、水族館という形に変えて、文明開化の東京へつないだのではなかったか。

草創期の水族館からは冷遇される一方で、明治時代は日本の金魚史の一大発展期であった。「でめきん」が輸入され、東京深川の金魚商秋山吉五郎らによって新品種の作出や在来品種の固定保存がはかられた。創始早々の東京大学で、金魚の育種研究も始まった。明治維新前後の東京には、深川、下谷、本所に金魚池が多かったという。もちろん、熱心な金魚屋さんもいて、明治十年（一八七七）八月に東京上野で開催された第一回内国勧業博覧会では、東京府内にあった十七軒の金魚養殖業者が博覧会に金魚を出展して、それぞれ表彰を受けている。

江戸時代、江戸で金魚を養殖していたはずの「金魚の元店」について、ほとんど何も知ることができなかったと、この本で愚痴のようなことを書いたが、江戸から東京へ変わりつつある頃の金魚屋のことも、まとまったことは一つもわからなかった。ただ幕末の頃、入谷、下谷、深川、本所など、江戸の中心から遠くはない、水の便もよい場所のあちこちに、金魚の養殖業者が散らばっていたらしい。それが明治期に入り、その後の都市化の波に追われて、葛飾へ、江戸川へと、結果的に同業者同士が集まり合いながら、都心から遠くへ遠くへと金魚養殖の中心地が移っていった。

現在も残る江戸川区の金魚養殖は、もとは大正十年（一九二一）頃、工場進出で消滅してしまった江東水郷や、入谷、下谷などから移ってきた。ここは、新中川の水路をはさむ水利ゆたかな、金魚養殖には理想的な土地柄だった。その江戸川区でさえ、昭和三十年代に金魚の日本三大産地の一つといわれた面影は、今はもう、ない。江戸川区一之江、春江に点在して残る金魚池が、東京の金魚養殖のほとんど最後の砦である。

都営新宿線の船堀、または一之江の両駅付近から、東西線の葛西駅に向かって歩くと、今の東京では珍しくなった、金魚池の広がる風景をまだ見ることができる。現在の江戸川区には、堀口、石川、橘川と、合計三業者が残るだけになった。

江戸川区の金魚屋さんのうちでは最も大手で、最も古く、江戸の中頃から入谷田圃で金魚を飼っていたという佐々木家は、金魚養殖を最近やめてしまった。その所有する、かつて広大だった金魚池は、近年になって、「金魚団地」という名の分譲住宅地と、広い駐車場に姿を変えて、最近訪ねたときは、残る金魚池も姿を消して、跡地に大きなスーパーマーケットが建設中であった。

堀口、石川、橘川各氏の金魚池はまだ健在である。気持良い薄緑色の水を湛えた広い養成池に、何十万という「りうきん」の若魚が、浮いたり沈んだり、金魚模様を描いて群がるのが見える。池面には鳥害を防ぐネットが張り巡らされて、東京二十三区内にまだこんな場所があったのかと、昭和三十年代にタイムスリップしたような風景が見られる。

しかし、池の周囲には高層マンションが立ち並び、鏡になった池の水面に空の雲といっしょに映って見える。屋上にクレーンの立つ工事中の高層ビルもあちこちに見える。近くの道路を自動車群が疾走し、固定資産税は高く、池の水ももう出ないという。

それでもまだ、養成池を見え隠れして泳ぐ金魚の大群をゆっくり眺められるのはたのしい。販売用の小割り池で客を待つ「えどにしき」や「らんちう」や「たんちょう」などの、眼をみはるようなみごとな成魚を時間をかけて見ていて、ふと、と胸を突かれる思いがあった。

日本人は江戸時代からこの方、あまりにも金魚に慣れ親しんで、金魚を気安い生きものと思い込んでしまった。いつからか、金魚にはこんなみごとな美しさがあり、生きた芸術品としての価値のあることを忘れてしまった。結果的に、だんだん、金魚をないがしろにするようになったのではなかったか。

販売用の小割り池をゆったり泳ぐ大きな金魚は、もちろん、幼魚のうちから何度も選別されて、大切に育てられた選り抜きの優品に違いない。それぞれに、品種なりの姿形がしっかり整い、色が濃く冴えて、ウロコの金色銀色によく光る、それはすばらしい金魚ばかりだった。そして、ここまで育て上げる丹精の努力苦心を思えば、そこに付けられた金魚の値段は、ずいぶん安いものだった。近頃流行の東南アジアやアマゾンの熱帯魚の驚くような高値に比べれば、もったいないほど安価に思えた。

明治維新で文明開化を迎えた日本人は、欧米文化と舶来物を崇拝し、脱亜入欧に熱中して、江戸以来の伝統を旧弊として軽視し、性急に切り捨ててきた。江戸時代の日本人には、公共の持ち物には関心がなかったから、明治維新がもたらした、公園、博物館、動物園、水族館などの施設は、すべて西洋文明の直訳、直輸入によるものだった。幕末から明治初頭にかけて、続々とヨーロッパに出掛けて、先進の施設を感心して見てきた、当時の指導者層の熱心な導入の努力の賜物だった。

その施設では、在来の文化資産は冷遇された。水族館の金魚もその一つだった。洋行帰りの学者先生に「縁日ニテモ見ラルル鮒、金魚ノ類ハ何カ他ノモノト取替ヘテ貰ヒ度キコトニナン」と、偉そうな苦情を申し立てられても、だれも反駁《はんばく》できず、金魚の弁護に回らなかった。金魚こそ、日本固有の文化として外国に誇るべきだったのに、以来、日本の水族館に、金魚の影は薄いままである。

金魚の場合は、世間一般に普及しすぎたのもまずかったかもしれない。普及と大衆化をめざして、安価な金魚の大量生産と普及、量販に力を入れてきたのも、裏目に出たのかもしれない。

たとえば近頃、町の金魚屋さんでは、小さな赤い「わきん」が、たくさん売られている。どれもが判で押したように、同形、同大の赤い金魚である。「こあか」とか、「素赤《すあか》」とか、「餌金《えさきん》」とか、少しかわいそうな名で呼ばれて、もっぱら、肉食性の熱帯魚や爬虫類の餌用にされている、最も安価な大量生産の金魚でもある。

あの金魚は、昭和三十年代の大和郡山で、ふつうの「わきん」よりも早く赤くなり、夏の大量需要をひかえて、できるだけ早く商品として出荷できる金魚をと、ただそれだけに目的を絞って、十年もかかって淘汰固定した「あかわきん（こあか）」の子孫である。需要があって供給が応えた結果とはいえ、子ども相手の夏のイベントで配られたり、金魚すくいに使われた挙げ句が、餌専用の金魚にされてしまったのでは、金魚の価値を自ら押し下げてしまったことになりはしまいか。並んで売られているヒメダカと同じか、それよりもむしろ安い値段も哀れに思われる。

金魚が日本人にこんなに気安く扱われるようになったのには、「日本の金魚の美」を「文化」として啓蒙してこなかった、あるいはそれに気がつかなかった水族館人にも、一半の責任はあったかもしれない。日本の水族館は「日本の美しい魚」を見せるところでもあったはずなのに、水族館人自身にも、金魚が今さら「日本の魚」として、入場料をもらって見せるようなものではないという先入観ができていたのかもしれない。金魚は水族館では美しく見えないという思い込みもあったかもしれない。金魚を飼って見せなければという強い使命感を抱いた水族館も、とくになかったのだろう。

従来の日本の水族館には、物産振興の場としての役割も、自然研究や、水産研究の機能も重視されてこなかった。水族館とは何をするところなのかと言い出すと話が大きくなるが、金魚の保護育成が水族館で話題になったこともまだない。「水族館に金魚を」という社会のニーズがなかったし、水族館自身が、そうしたニーズを育てようとしてこなかった。

江戸川区の金魚池で金魚を眺めていて再認識したのは、金魚はやっぱり、上から見るのが一番美しいという、素朴で単純な感想だった。水族館人の一人として、日本人の育てた金魚の美しさやその保護について、今まで、深く考えなかったことを恥じる気持ちもあった。

江戸時代に始まったびいどろの金魚玉は、金魚と見る人との距離を縮めて、金魚の普及に役立った。一方で、明治以降の水族館は、ガラス越しに魚を見せるびいどろの金魚玉と同じ視点を拡大し、飼育技術も磨いて、今では三千数百種もの魚が飼えるようになった。広大なガラス水槽にたくさんの海の魚をにぎやかに飼って見せて、人々の楽しみを大きく広げてきた。考えてみれば、その日本の水族館に金魚がいないのは惜しい。

「水族館に金魚なんてね」という感覚は、もう、変えるべきではないか。金魚には、日本の文化財として見直すべき、大きな価値があるのではないか。日本の水族館には、日本の金魚の美しさを保護して、後世に伝える義務もあるのではないか。今までの飼い方では、水族館で金魚がうまく飼えないのならば、新しい合理的な飼い方を考えればいい。今までの見せ方では、水族館に金魚が似合わないのならば、金魚が魅力的に見えて、しかも似合う、新しい見せ方を工夫すればいい。

それは、水族館が「野生の紹介」に努力してきた過去とも矛盾はしないだろう。そして、「種の保全」や「自然の保護」に努力しようという、これからの行き方にも矛盾しまい。金魚という魚をただ飼って見せるだけではなく、金魚とはなにかを金魚自身に物語らせることはできないだろうか。それこそ、水族館の役割ではないだろうか。それは、江戸の人々が金魚玉の金魚や植木鉢の朝顔に「自然のしっぽ」を求めた気持にも通ずるところがありそうである。水族館は、現代日本人にとっての「花鳥風月」なのかもしれない。

学術文庫版のためのあとがき

　このたび思いがけなく、講談社学術文庫の原田美和子さんから声がかかり、小著『金魚と日本人』が、二十二年ぶりに再版されることになりました。嬉しくも面映ゆくも思います。

　本書のプロローグにも書きましたが、私は子どものころから金魚が好きでした。小学校が休みの日は郊外の金魚屋さんまで遠出して、コンクリートの浅い池に泳ぐ大小の、赤い、あるいは紅白のたくさんの金魚をあかず眺めて、将来は魚の研究者になりたいと希望をふくらませていたものです。一九五六年に東京水産大学を卒業するとすぐ、江ノ島水族館に就職し、以後は金沢水族館、東海大学海洋科学博物館の新設開館に加わって、そのままそれぞれの水族館に飼育担当者として勤務してきました。一九七〇年からは大学教員を兼ねて魚類学を講義し、スキューバを使って海に潜り、研究室で海の魚の繁殖生態・生活史の論文や水族館学の著作を書いてきました。一九九九年までの水族館生活でした。

　しかし、かつては好きだった金魚の専門家になる機会は、私には訪れなかったのです。水族館といえば、いうまでもなく、もっぱら自然の海や河川湖沼に棲む水生生物を飼育公開して、研究し、自然の成り立ちの一端を紹介する場所です。

金魚はとうの昔から野生の生きものではありません。飼育法などにさしたる予備知識がなくても、日本中どこでも誰にでも飼える、丈夫な魚です。日本人にとっては、家畜ならぬ「家魚」であり、「水族館の魚」ではなかったのです。ところが一九六四年の初冬、金魚に格別の関心を持つようになった出来事が、私のところに舞い込みました。

石川県と富山県の県境の山村のため池に鉄魚《てつぎょ》と呼ばれている、由来のはっきりしない尾びれの長いフナがいるらしい——金沢に開館したばかりの水族館に勤務していた私は、話題になるかもしれないと、その調査に出かけて行ったのです。

現地調査と同時に、当時近畿大学教授だった金魚研究の第一人者として高名な松井佳一博士にお手紙を出して、鉄魚の由来と学術的な価値について教えを乞いました。松井先生は日本の金魚の系統研究に傾注され、日本の金魚の遺伝学的に複雑な関係を、交配実験を繰り返してまとめ上げられた方で、日本の金魚全二三品種を赤と黒の実線でつないだ、みごとな系統図を完成されています（三〇〜三一ページ参照）。鉄魚の金沢水族館での展示計画は、残念ながらうまくいきませんでしたが、北陸の峠での鉄魚との出会いは、長く忘れていた金魚への関心を取り戻させてくれたようでした。

その後一九九三年、清水に移って金魚とは縁遠くなっていた私の研究室に、三一書房の大倉徹さんが「金魚の本」の執筆ご依頼に訪ねてこられました。〝水族館人〟の私が金魚の本の執筆にかかるのは、お門違いのようにも感じましたが、そのときまず頭に浮かんだのが、金沢の鉄魚調査の思い出だったのです。

金魚の本といえば、金魚の飼い方の指南書や、現存の金魚の品種の解説書と思うのがふつうです。しかし私はこの本を、金魚の飼い方の本にするつもりはありませんでした。金魚の交配、繁殖、成長、疾病をふくむ飼育法などの実用的な記述にはほとんどふれず、中世以降の日本の「金魚文化」を主軸にまとめようと考えたのです。金魚とは日本人にとって何ものだったのか、中国渡来の金魚がなぜ、こんなにも日本人に好かれたのか。高貴な趣味の対象とされる一方で、なぜ一般大衆の生活にも浸透して、長く、親しく、気安くつきあえる相手であり続けたのか。そもそも、日本の金魚は、どこからやってきて、それはどんな魚だったのか、それからの歴史をどう過ごしてきたのか、昔の日本社会は金魚をどう受け止めたのか、それが知りたかったのです。

幸いにも、『金魚と日本人』の発売後、読者となってくださった大勢の方から短い日月のうちにたくさんのお手紙を頂戴し、読後のご感想のほか、新品種作出の苦心など、私の知らなかったこと、調べが届かなかったことを、いろいろ教えていただきました。改めてお礼を申し上げます。

また、本書の出版後も、せっかくここまで調べてきた金魚のルーツについて、できればもう少し知りたいとずっと思いつづけていたところ、二〇〇八年、東京海洋大学の岡本信明博士の遺伝子研究チームによる、素晴らしいニュースが飛び込んできました。中国揚子江流域の一五地点から得られた野生のフナ（鯽《そく》）の合計三三七点の標本について体細胞のＤＮＡ解析による遺伝情報を調査して、そのうち、洞庭湖のほか、上海から遠くない射陽、塩城、嘉興の四地点で採集された計六尾から、現生の日本の金魚とまったく同じ「ミトコンドリアＤＮＡ配列」の遺伝子が発見されたのです（木島隆ほか、二〇〇八）。「嘉興からも一尾」と、見慣れた地名があって、つまり、何百年も前から日本の金魚発祥のルーツとささやかれてきた「日本の金魚は嘉興起源」という想像も、的外れではなかったことがわかりました。のちに同じ岡本研究室の遺伝子研究で鉄魚が金魚と日本のフナの交雑品種であるとの報告もありました（冨澤輝樹ほか　二〇一五）。どちらも欣快なことでした。

この度のこの機会に、こうして新しく知見を得たこと、注釈を加えたいところは少なからず見つかりました。しかし学術文庫読者のために、いくつかの学術的資料を加えた他は、あえて、明らかな間違いの修正だけに止めて、この本がもう一度、世に出る機会を与えられたのを有難く見守らせていただきます。

日本人の金魚愛玩の歴史は、本家・中国を別にすれば、世界的にも珍しい文化だと思います。水族館は、そこに割って入れなかった。日本の水族館と金魚は、近いようで遠い間柄でした。しかし今になってみると、むしろ手間ひまかけて育てた金魚をこそ、水族館で見せたい。お金を払って見てもらえる価値があるはずだとも思います。希少な品種の紹介や新規の作出、継代確保に水族館が手と場所を貸すのもいいし、その研究成果を科学的に裏付けて解説もしてほしい。金魚にことづけた魚類の品種改良のノウハウをアピールしてもいい。水族館には水族館にしかできない、金魚の啓蒙活動もしていただきたい。金魚を追いかけてここまでは来た私からこの本とともに、そんな想いも皆さんにお伝えできたら、なお有難く思います。

令和元年五月

著者

本書の原本は、『金魚と日本人　江戸の金魚ブームを探る』として一九九七年に三一書房より刊行されました。

鈴木克美（すずき　かつみ）

1934年静岡県生まれ。東京水産大学卒業後，江ノ島水族館，金沢水族館を経て，東海大学教授，東海大学海洋科学博物館館長。魚類生活史学専攻。農学博士。現在，東海大学名誉教授。著書に『水族館』『水族館日記』『潮だまりの生物学』『魚は夢を見ているか』，共著に『アンコウの顔はなぜデカい』『新版 水族館学』など。

講談社学術文庫

定価はカバーに表示してあります。

金魚《きんぎょ》と日本人《にほんじん》

鈴《すず》木《き》克《かつ》美《み》

2019年8月8日　第1刷発行

発行者　渡瀬昌彦

発行所　株式会社講談社

東京都文京区音羽 2-12-21 〒112-8001

電話　編集（03）5395-3512

販売（03）5395-4415

業務（03）5395-3615

装　幀　蟹江征治

印　刷　株式会社廣済堂

製　本　株式会社国宝社

本文データ制作　講談社デジタル製作

ISBN978-4-06-516882-0

「講談社学術文庫」の刊行に当たって

これは、学術をポケットに入れることをモットーとして生まれた文庫である。学術は少年の心を養い、成年の心を満たす。その学術がポケットにはいる形で、万人のものになることは、生涯教育をうたう現代の理想である。

こうした考え方は、学術を巨大な城のように見る世間の常識に反するかもしれない。また、一部の人たちからは、学術の権威をおとすものと非難されるかもしれない。しかし、それはいずれも学術の新しい在り方を解しないものといわざるをえない。

学術は、まず魔術への挑戦から始まった。やがて、いわゆる常識をつぎつぎに改めていった。学術の権威は、幾百年、幾千年にわたる、苦しい戦いの成果である。こうしてきずきあげられた城が、一見して近づきがたいものにうつるのは、そのためである。しかし、学術の権威を、その形の上だけで判断してはならない。その生成のあとをかえりみれば、その根は常に人々の生活の中にあった。学術が大きな力たりうるのはそのためであって、生活をはなれた学術は、どこにもない。

開かれた社会といわれる現代にとって、これはまったく自明である。生活と学術との間に、もし距離があるとすれば、何をおいてもこれを埋めねばならない。もしこの距離が形の上の迷信からきているとすれば、その迷信をうち破らねばならぬ。

学術文庫は、内外の迷信を打破し、学術のために新しい天地をひらく意図をもって生まれた。文庫という小さい形と、学術という壮大な城とが、完全に両立するためには、なおいくらかの時を必要とするであろう。しかし、学術をポケットにした社会が、人間の生活にとってより豊かな社会であることは、たしかである。そうした社会の実現のために、文庫の世界に新しいジャンルを加えることができれば幸いである。

一九七六年六月　　　　野間省一